関数論外伝

― Bergman 核の100年 ―

大沢 健夫 著

by courtesy of Friedrich Haslinger

現代数学社

表紙写真 ： Bergman 核 100 周年のバースデイケーキ（葉山の研究集会にて）
Friedrich Haslinger 氏より提供

まえがき

　たいへん古い話で恐縮ですが，1989 年の 6 月，ルーマニアの首都ブカレストで複素解析学の研究集会が開かれました．日本からも 10 名ほどの参加者があった，大きな研究集会でした．開会の辞の冒頭の「Cauchy 以来の複素解析」にやや戸惑いましたが，その年が A.L.Cauchy の生誕 200 年にあたることをすぐ思い出しました．その後，大数学者の功績を称えるという意味では，岡潔生誕 100 周年記念研究集会（2001 年京都・奈良）がありました．最近，筆者の長年の研究課題であった Bergman 核が一層興味を持たれるようになりました．そこでこれを中心とした研究集会を，その発見後 100 周年にちなんで開催してはどうかと平地健吾教授（東大・数理科学）らに提案したところ，快諾が得られ，このパンデミックの難局下ではありながら国際研究集会が開催できることになりました．

　本書はこの研究集会（2022 年 7 月）に向けて草した Bergman 核のこの 100 年の歩みの記録を，読者としてはこの方面の研究者を見込んで書き始めたものですが，「現代数学」の連載として数学者たちの逸話を添えながら書いているうちに，もっと広い範囲の方々に読んでもらいたいと思うようになりました．その結果，数式については計算の詳細は省かざるを得なかったものの，それ以外のところはなるべく一般向けに丁寧に書くように心がけました．とはいえこれが読み物としても成立しているかどうかについてはまったく自信が持

てなかったのですが，かつて京大数理研で机を並べていた室政和氏（岐阜大学名誉教授）から「連載を読んでいた」と記された年賀状をもらい，「我が事成れり」と一安心していました．そんなところへ単行本化の話をいただき，改めて意に満たぬところを修正し加筆して改稿したのが本書です．題の中の「関数論外伝」は，^故辻良平先生の「関数論講義」（理工学社 1966）と金子晃先生の「関数論講義」（ライブラリ数理・情報系の数学講義　サイエンス社 2021）の影響です．辻先生の本は筆者にとって最初の関数論のテキストで，金子先生には本文の冒頭の話題を選ぶにあたって大きなヒントをいただきました．両先生にはここで深甚なる感謝の意を表したいと思います．

2022 年 7 月

大沢健夫

目　次

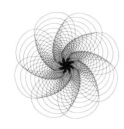

第1話

1. 再生核と Bergman 核

　最近の AI の発達は目覚ましく，ディープラーニングをはじ
めとする機械学習理論が広く知られるようになってきました．
Steve Smale 氏は 5 次元以上の Poincaré 予想の解決（1960
年）や力学系の研究で知られた数学者ですが学習理論でも成
果を上げ，2002 年には来日して各地で講演しました．名古屋
大学では "Geometry of data（データの幾何学）" の題で談話会
講演があり，そのとき筆者も興味深く拝聴しました．学習理
論で有用な数学の道具の中に再生核があります．筆者が専攻
する複素解析学の分野でも再生核は重要で，それを通じた学
習理論の話をこの 20 年くらいの間に聞く機会が増えました．
ところで最近知人に教えてもらったのですが，Zoom で行われ
た「組み合わせ最適化セミナー」（第 17 回）という研究集会で
も機械学習が話題となったそうです．そこで「再生核 Hilbert
空間」を用いたトレーニングの話の中でスライドに上がった
文献が 2012 年のものだったことから，聴衆から「最近でき
た概念なんですか」という質問が出て，講師が「いや，ずっ
と前です．少なくとも 1960 年代にはありました．」と答えた
とのことでした．Hilbert 空間は大学の学部レベルの授業でも

キーワードの一つですからよいとして,「再生核」がこの研究会の文脈では新しかったようです.よく知られているように,Hilbert 空間は内積に関して完備な線形空間で,D.Hilbert と弟子の E.Schmidt が積分方程式の研究にからめて持ち込んだものを J.von Neumann が 1929 年に公理化し,Hilbert の名を冠してそう呼んだのでしたが,実は再生核もその時代に生まれた概念です.これも上手に名付けられた数学用語の一つだと思いますが,S.Bergman [*1] は 1922 年の論文 [B–1] でこれを核関数の名で導入しました.それはこんにち Bergman 核と呼ばれる特殊な再生核で,一般的な再生核の定義は 1950 年の N.Aronszajn の論文 [A-2] によります.学習理論には一般化された形で応用されることが多いのですが,Bergman 核を応用して学習理論と代数幾何をつなぐ研究もおこなわれています.それだけでなく Bergman 核は最近の複素解析および複素幾何で大変重要な概念になり,特に前世紀末ごろから最近にかけて多方面で目覚ましい成果が相次いでいます.そこで Bergman の論文が発表されてから 100 周年の区切りを迎えた機会に,源流に遡るなど歴史的なことを含めてその展開をたどってみたいと思います.

2. Bergman と核関数

数学の世界は果てしなく広いとはいえ,その探求は人知という制約下で行われるので,知識の体系は限られた固有な姿

[*1] Stefan Bergman (1895-1977) ポーランド出身の米国の数学者.Bergman 核の発見後,生涯に渡ってその研究を続け,発展の基礎を築いた.

を持っています[*2]. 重要な進展が同時多発的に起こるのはその一つの表れと考えられます. Newton と Leibniz による微積分法, 関孝和と Leibnitz による行列式, Gauss, Bolyai, Lobachevsky による非ユークリッド幾何などがその有名な例ですが, Bergman 核の発見においても似た事情があったことが知られています.

Fourier 級数の基底をなす三角関数系をモデルとする直交関数系の理論は古くから展開されてきています. Fourier の理論以来その数理物理への応用が拡げられてきました. 20世紀初頭に到り新たに Lebesgue により一般的な積分論が確立され, それに基礎づけられた関数空間の一般論が整備されました. 直交展開の理論も 1907 年に発表された Riesz-Fischer の完備性定理および Riesz の表現定理などにより面目を一新することになりました. 本格的な関数解析学の目覚ましい展開は von Neumann [N], Stone [St], Banach [Bn] により 1930 年代初頭に始まったとされますが (cf. [Y-2]), [R] と [F] はその先駆けと言えるでしょう.

Gram-Schmidt の直交化法でも有名な Schmidt はベルリン大学の教授で, 彼の下には多くの俊秀たちが集まっていました. その中で複素直交関数系の理論を緒に付けたのが G.Szegő [Szg] (教授資格認定論文), Bergman [B-1] および S. Bochner [Bo] (学位論文) でした[*3]. 1996 年に Berkeley で H.Boas 氏[*4] が Bergman の言葉として語ったところによれ

[*2] その姿が AI の台頭により大きく変化しつつある.

[*3] この中では Bochner だけが Schimdt の直接の弟子.

[*4] E. Straube 氏と共に 1995 年度の Bergman 賞を受賞.

ば，Schmidt は講義で実 1 変数の直交関数系について語るの
みでしたが，演習を担当した Bergman は「うっかり」複素直
交系の問題を作ってしまったそうです．複素領域上の 2 乗可
積分な正則関数のなす空間の核関数の概念は［B-1］と［Bo］
の中で確立されました．Bergman と Bochner の競合関係に
ついては詳しいことは分からないのですが，［Bo］の脚注には
Bergman に先着権があることが明記してあります．ともあれ
発見の経緯とは裏腹に，Bergman は生涯にわたって核関数の
研究に専念することになりました．以下では深遠な Bergman
核の理論の一端に触れていくわけですが，定義は簡単なので
まずそこから始めましょう．

　n 次元複素領域[*5]D 上の正則関数の集合を $\mathcal{O}(D)$ と書きま
す．$\mathcal{O}(D)$ の元からなるヒルベルト空間 $\mathcal{H}$ に対し，点 $\zeta \in D$
ごとに線形汎関数 $\mathcal{H} \ni f \longrightarrow f(\zeta) \in \mathbb{C}$ が有界であるとき，
$f(\zeta) = (f, K_\zeta)$ を満たす $K_\zeta \in \mathcal{H}$ が決まりますが，この K_ζ
を核関数といいます．$K_\zeta(z)$ は完備な正規直交系 $\{\varphi_j\}$ によっ
て

$$K_\zeta(z) = \sum \varphi_j(z) \overline{\varphi_j(\zeta)} \tag{1}$$

と表せます．Szegő の理論は $n = 1$ かつ D の境界が C^1 級の曲
線であり

$$\mathcal{H} = H^2(D) := \left\{ f \in \mathcal{O}(D) ; \limsup_{\epsilon \searrow 0} \int_{\partial D_\epsilon} |f|^2 ds < \infty \right\}$$
$$(D_\epsilon := \{z \in D ; \inf_{w \notin D} |z - w| > \epsilon\}. \ ds \text{ は線素})$$

つまり $\mathcal{H}$ の内積が ∂D 上の積分で与えられるときで，この
K_ζ を **Szegő** 核といいます．

[*5] n 次元複素数空間 $\mathbb{C}^n$（$\mathbb{C}$ は複素数の集合）内の連結な開集合

$D = \mathbb{D} := \{z \in \mathbb{C} ; |z| < 1\}$ のときは

$$K_\zeta(z) = \frac{1}{2\pi} \frac{1}{1 - z\overline{\zeta}}$$

ですが，$|z| = 1$ のときは $\overline{z} = \dfrac{1}{z}$ なので $f(\zeta) = (f, K_\zeta)$ は Cauchy の積分公式と同じ形になります．K_ζ を **Bergman 核**と呼ぶのは

$$\mathcal{H} = A^2(D) := \left\{ f ; \int_D |f|^2 d\lambda < \infty \right\}$$

（$d\lambda$ は Lebesgue 測度で，以後省略することがある）の場合です．D が開球 $\mathbb{B}^n := \{z \in \mathbb{C}^n ; \|z\| < 1\}$ のとき，Bergman 核は

$$K_\zeta(z) = \frac{n!}{\pi^n} \frac{1}{(1 - \langle z, \zeta \rangle)^{n+1}} \quad \left(\langle z, \zeta \rangle := \sum_{i=1}^n z_i \overline{\zeta}_i \right) \tag{2}$$

をみたします．以後 $K_\zeta(z)$ を $K(z, \zeta)$ と書きます．

Bergman が核関数に魅せられた一つの理由は Bergman 核と Riemann 写像の関係でしょう．

Riemann の学位論文（1851 年）に始まる等角写像論における基本的命題は Riemann の写像定理として知られ，現在は通常次の形で述べられます[*6]．

定理 1 複素平面 $\mathbb{C}$ の単連結な真部分領域 D と $z_0 \in D$ に対し，D から $\mathbb{C}$ への単射正則写像 f で $f(z_0) = 0$ かつ $f'(z_0) > 0$ をみたすもののうち，$f(D) = \mathbb{D}$ となるものが唯一つ存在する．

[*6] 例えば [A].

　命題の後半を「$f(z_0) = 0$ かつ $f'(z_0) = 1$ をみたすものの
うち，$f(D)$ が 0 を中心とする円板となるものが唯一つ存在
する．」としても（Schwarz の補題により）定理の内容は同等
で，これらの条件をみたす f を **Riemann 写像** と呼びます．
Riemann はこの命題を，Abel と Jacobi が開いた楕円関数論を
代数関数論へと一般化するための幾何学的基礎としたのです
が，あまりにも時代に先んじていた Riemann の証明には不備
がありました．上の形の Riemann の写像定理に初めて正しい
証明を与えたのは Carathéodory [C] ですが，この仕事を受け
て，Bieberbach [Bi] は Riemann 写像を極値問題の解として
特徴づけました．つまり条件 $f(z_0) = 0$ かつ $f'(z_0) > 0$（また
は $f'(z_0) = 1$）をみたす関数族の中で Riemann 写像は $f(D)$
の面積 $\int_D |f'(z)|^2 dxdy$ を最小化します．Behnke [Be] [7] によ
れば，これが複素直交関数系と核関数の理論の出発点でした．
実際，Bieberbach の観察は Bergman 核を用いた Riemann 写
像 f の表示式

$$f(z) = \sqrt{\frac{\pi}{K(z_0, z_0)}} \int_{z_0}^{z} K(\zeta, z_0) d\zeta \tag{3}$$

と同等です[8]．(3) はあまりにも見事なので，この式を発見し
た Bergman の喜びが想像できるところです．この証明には重
要な性質である変換公式

$$K_D(f(z), f(w)) \det\left(\frac{\partial f}{\partial z}\right) \overline{\det\left(\frac{\partial f}{\partial w}\right)} = K_{D'}(z, w) \tag{4}$$

---

[7] [B-2] の書評
[8] ただし $f'(z_0) > 0$.

の他[*9]

$$K(z, z) = \sup\left\{|f(z)|^2 ; f \in \mathcal{O}(D), \int_D |f(\zeta)|^2 = 1\right\} \qquad (5)$$

も使われます.

　後に述べるように多変数複素解析関数論の展開と共に Bergman 核の研究が深められ, 微分幾何や代数幾何への応用が開発されました. 関数論と微分幾何は Weierstrass と Schwarz の極小曲面論以来深くつながっていますが, Riemann 写像の解析は, 関数解析学と幾何学が手を携えて進む新たな道を開いたのです.

3. 再生核とその起源

　K_ζ の構成に必要な $\mathcal{H}$ の性質が汎関数 $f \to f(\zeta)$ の有界性のみであることから, Aronszajn [Ar-2] は $H^2(D)$ や $A^2(D)$ を特殊な場合として含むより一般の関数空間に対して再生核を導入し, 対称性と正値性によるその特徴づけを行いました.

　つまり, 集合 X と Hilbert 空間 $\mathcal{H}$, および写像 $\mathbf{h}: X \to \mathcal{H}$ が与えられたとき, $\mathcal{H}$ の内積を用いて

$$f(x) = (\mathbf{f}, \mathbf{h}(x))$$

によって線形写像 $L: \mathcal{H} \ni \mathbf{f} \mapsto f \in \mathbb{C}^X$ および関数 $K(x, y) := (\mathbf{h}(x), \mathbf{h}(y))$ を定めると, $L(\mathcal{H})$ は

$$\|f\| := \inf\{\|\mathbf{f}\| ; f = L\mathbf{f}\}$$

によって Hilbert 空間の構造を持ちます. このとき y を止める

[*9]　f は $D' \subset \mathbb{C}^n$ から $D \subset \mathbb{C}^n$ への双正則写像であり, K_D (または $K_{D'}$) は D (または D') の Bergman 核を表す.

ごとに $K_y := K(\,\cdot\,, y) \in L(\mathcal{H})$ であり，かつ

$$f(y) = (f(\,\cdot\,), K(\,\cdot\,, y)) = (f, K_y)$$

が成立します．逆に関数 $K(x, y)$ が任意有限個の点 $x_1, \cdots, x_n \in X$ および $c_1, \cdots, c_n \in \mathbb{C}$ に対して

$$\sum_{i,j=1}^{n} c_i \, \overline{c}_j K(x_i, x_j) \geq 0$$

をみたせば，上式をみたす $\mathcal{H}$ および $\mathbf{h}$ が存在します．[*10]

超関数（distribution）理論で有名な L.Schwartz はこのような抽象化をさらに進め，再生性を具体的な関数空間から切り離して論じました．斎藤三郎氏の著書 [Sa] では Schwartz 論文 [Sch] を [Ar-2] に続けて紹介しながらも「無名の存在」としていますが，筆者が math.sci.net で被引用度数を調べた限り現在ではその評価は当たらないように思います．

ところで，[Ar-1] では再生核の最初の例を導入したのは S.Zaremba[*11] であったことが指摘されています．それによれば，Zaremba は Annals of the Polish Academy（ポーランド学士院紀要）に 1905 年から 1909 年までに掲載された論文で，弾性板や弾性膜の研究に由来する調和関数および 2 重調和関数に対する Dirichlet 問題について考察しました．再生核が導入され Green 関数との関係式も見出されたのは [Z-1] においてでした．Aronszajn はワルシャワで学位を取りましたが，Zaremba から見ればひ孫弟子にあたります．筆者は 2007 年

[*10]　実数値関数に限れば条件 $K(y, x) = K(x, y)$ が必要．複素の場合 $K(y, x) = \overline{K(x, y)}$ は正値性の帰結．

[*11]　Stanislaw Zaremba（1863-1942）ポーランドの数学者

3 月にクラクフ大学 (Jagiellonian university ^{*12}) に滞在する機会を得ましたが、あてがわれた研究室には Zaremba の肖像写真が掲げられていました。

Zaremba の仕事が Schmidt 以下に伝わらなかったのはベルリン大から見れば田舎の大学の雑誌に掲載されたためかと勘ぐりたくもなりますが、後で述べるように Bergman にとっては核関数のホームタウンは複素解析であり、その複素幾何への応用こそが興味の中心にありました。ちなみに、Bergman が [Z-1] を知っていたことは Schiffer との共著である [B-S] に [Z-1] が引用されていることからも明らかだと思っていましたが、この推測は間違いかもしれません。というのも、1970 年には [B-2] の増補版 [B-3] が出版され新しい結果が多く付け加えましたが、そこには [Z-1] が引用されていないからです。

Bergman と Aronszajn 以外の見方も紹介しておきましょう。1970 年に「解析学と確率論における再生核」という研究集会が米国で開かれ、そこで関数解析の大家であった E.Hille (Hille–吉田の定理で有名) が「再生核の一般論への入門」と題した講演を行いましたが、それに基づいた論文 [Hi] は

再生核の理論ができたのはかなり最近のことだが、その始まりは G.Szegő (1921) と S.Bergman (1922) の仕事に遡る。

という文章で始まっています。ここでは Zaremba どころか Bochner にも言及されていません。ちなみにこの集会

---

^{*12} コペルニクスも学んだ古い大学。正式にはヤゲオー大学でクラクフ大学は通称。

の主要な講演者は Hille の他に Lichnerowicz（微分幾何），F.M.Larkin（数値解析），Bergman，P.J.Davis（応用数学），K.Stein，E.Parzen（統計学），G.Springer（複素解析）そして Aronszajn でした．

　吉田耕作[*13] 先生の［Y-1］も再生核にふれていて，公式（3）については丁寧な証明とともに Bergman の定理として述べてあります．しかし 1980 年に出版された［Y-1］の増補第 6 版の被引用度数が 1000 件を超えるだけに，［Hi］や［Y-1］で［Z-1］が引用されなかったことはやや残念です．

　しかし最近になって，やや遠慮がちにではありますが，この欠落を埋めようとする論文［Sz］が現れました．著者の F.H.Szafaniec 氏はクラクフ大の人で作用素論の専門家であり，フランスの大数学者の G.Darboux（1842－1917）から見てひ孫弟子にあたります．ポーランド語で書かれたこの論文の中身を紹介することは残念ながら筆者にはできませんが，そのタイトル「再生性の起源—Bergman，Bochner，Szegő，いや多分結局は Zaremba」からは，再生核の第一発見者が Zaremba であるという控えめながらもきっぱりとした主張が読み取れます．もっとも Zaremba にしてみればその栄誉は彼の恩師であった Darboux と，Riemann から 3 年遅れて Dirichlet に学んだ E.Christoffel（1829－1900）に帰すべきものであるかもしれません（cf.［Sm］[*14]）．

[*13]　1909-1990. 関数解析学の業績で知られる.

[*14]　Christoffel-Darboux の公式（$I \subset \mathbb{R}$ を区間，μ を I 上の有限 Lebesgue-Stiltjes 測度，$L^2(I, \mu)$ をに関して 2 乗可積分な実数値関数のなす Hilbert 空間とするとき，$L^2(I, \mu)$ の完全正規直交系に関する展開式の有限部分和を積分で表す式）を再生核の原型としての視点から詳説.

いずれにせよ 1950 年は再生核の節目の年でした. [Ar-2] の登場によって一般論は元年を迎え, [B-2] は Bergman 核の何たるかを広く世に知らしめたわけです. 次回は 20 世紀前半の複素解析の動きを視野に入れながら [B-2] の内容を手短にサーベイした後, 「それからの Bergman 核」の話へと進みたいと思います.

参考文献

[A] Ahlfors, L. V., Complex analysis. An introduction to the theory of analytic functions of one complex variable, Third edition. International Series in Pure and Applied Mathematics. McGraw-Hill Book Co., New York, 1978. xi+331 pp. 複素解析（笠原乾吉訳）現代数学社 1982.

[Ar-1] Aronszajn, N., *Reproducing and pseudo-reproducing kernels and their application to the partial differential equations of physics*, Harvard University, Graduate School of Engineering 1948. Technical report 5, preliminary note.

[Ar-2] ——, *Theory of Reproducing Kernels*, Transactions of the American Mathematical Society. **68** (3) (1950), 337–404.

[Bn] Banach, S., *Théorie des Operations Linenaires*, Warszawa 1932.

[Be] Behnke, H., *The kernel function and conformal mapping (book review)*, Bulletin of AMS 76-78.

[B-1] Bergman, H., *Über die Entwicklung der harmonischen Funktionen der Ebene und Raumes nach Orthogonal Funktionen*, Math. Ann. **86** (1922), 238-271.

[B-2] ——, *The Kernel Function and Conformal Mapping*, Mathematical Surveys, No. 5. American Mathematical Society, New York, N. Y., 1950. vii+161 pp.

[B-3] ——, *The Kernel Function and Conformal Mapping*, Am. Math. Soc. Providence, RI, 1970.

[B-S] Bergman, S. and Schiffer, M., *Kernel Functions and Elliptic Differential Equations in Mathematical Physics*, Academic Press, New

York, 1953.

[Bi] Bieberbach, L., *Zur Theorie und Praxis der konformen Abbildung*, Rend. Circ. Mat. Palermo **38** (1914), 98-112.

[Bo] Bochner, S., *Orthogonal systems of analytic functions*, Math. Z. **14** (1922), 180-207.

[C] Carathéodory, C., *Untersuchungen über die konformen Abbildungen von festen und veränderlichen Gebieten*, Math. Ann. **122** (1912), 107-144.

[F] Fischer, E., *Sur la convergence en moyenne*, Comptes rendus de l'Academie des sciences 144 (1907), 1022-1024.

[Hi] Hille, E., *Introduction to general theory of reproducing kernels*, Rocky Mountain J.Math. **2** (1972), no. 3, 321-368.

[N] Neumann, J. von, *Zur Operatorenmethode in der klassischen Mechanik*, Ann. of Math. 33 (1932), 249-310.

[R] Riesz, F., *Sur une espèce de géométrie analytique des systèmes de fonctions sommables*, C.R.Acad.Sci. Paris **144** (1907), 1409-1411.

[Sch] Schwartz, L., *Sous-espaces hilbertiens d'espaces vectoriels topologiques et noyaux associés (noyaux reproduisants)*, J. Analyse Math. 13 (1964), 115-256.

[Sm] Simon, B., *The Christoffel-Darboux kernel*, Perspectives in partial differential equations, harmonic analysis and applications, 295-335, Proc. Sympos. Pure Math., **79**, Amer. Math. Soc., Providence, RI, 2008.

[St] Stone, M. H., *Linear Transformations in Hilbert Space and Their Applications to Analysis*, Colloq. Publ. Amer. Math. Soc. 1932.

[Sz] Szafraniec, F. H. *The beginnings of the reproducing property: Bergman, Szegö, Bochner-or perhaps Zaremba after all*, (Polish) Wiad. Mat. **52** (2016), no. 1, 53-67.

[Szg] Szegö, G., *Über orthogonale Polynome, die zu einer gegebenen Kurve der komplexen Ebene gehören*, Math. Z. 9 (1921), 218-270.

[Y-1] Yosida, K., *Functional analysis*, Reprint of the sixth (1980) edition. Classics in Mathematics. Springer-Verlag, Berlin, 1995.

xii + 501 pp

[Y-2] 吉田耕作 函数解析 50 年 数学 **34** (4)(1982), 66-76.

[Z-1] Zaremba, S., *L'equation biharmonique et une class remarquable de fonctions fondamentales harmoniques*, Bulletin International de l'Academie des Sciences de Cracovie, Classe des Sciences Mathematiques et Naturelles (1907), 147-196.

[Z-2] ——, *Sur les calcul numérique des fonctions demandées dans le pronlème de Dirichlet et le problème hydrodynamique*, Bulletin International de l'Académie des Sciences de Cracovie, Classe des Sciences Mathématiques et Naturelles (1909), 125-195.

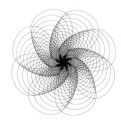

第2話 _____

1．一意化定理への道

　前回の第一話では Bergman 核と再生核を紹介しました．
今回以降は直近約 1 世紀の複素解析の展開に即しながら
Bergman 核にまつわる話をしたいと思いますが，まずその
準備として，Bergman の公式（第一話の (3)）の元になった
Riemann の写像定理の周辺を眺めてみましょう．

　Riemann が 1851 年に発見した基本定理は複素平面 $\mathbb{C}$ 内の
領域 $D\,(\neq \mathbb{C})$ に関するもので，基本的には D が単連結なら
ば $D \cong \mathbb{D}$ であるという主張でした（Riemann の写像定理）．
Weierstrass が Riemann の証明の欠陥を指摘して以来，その
傷を回復することは 19 世紀後半の解析学の大きな課題でした
が，Weierstrass の弟子の Schwarz らの努力によって次第に問
題の外堀が埋められ，関数解析学の形成と呼応するようにし
てこんにち多くの教科書に書かれているような完全な証明が
得られたのでした．Riemann 写像の表示を与える Bergman の
公式も，学部レベルの一部のテキストに書かれています[*1]．

　とはいえこれは複素解析における一つの始まりの終わりに

_____

[*1] たとえば［Ku］．

すぎなかったのです．よく言われるように複素解析は 19 世紀には高度に発達し，解析学の最高峰を形成したとも言われます．その端緒は複素平面を導入して代数学の基本定理にトポロジカルな証明を与えた Gauss と，留数解析により定積分の計算を系統立てた Cauchy によって開かれましたが，微積分の応用を拡げる過程で 18 世紀に Euler や Legendre が熱心に研究した楕円積分の理論を，Abel は楕円関数の導入によって一挙に高い立場から俯瞰できるようにしました．Abel の目には楕円関数をさらに一般化した一変数代数関数の世界が見えていたようですが，残念ながら 26 才の若さで亡くなってしまったので，その研究を完成させることはできませんでした．しかし Abel の功績は計り知れず，それ以来，19 世紀の数学者たちは Abel の仕事を一般化しつつ，複素解析学の堅固な基礎を作り上げたのでした．特に Jacobi, Weiserstrass, Riemann, Schwarz, Klein, Poincaré らは，楕円関数論をその多変数版である Abel 関数論や一変数の代数関数論へと一般化しました．楕円関数だけでなく，三角関数やガンマ関数についても複素関数としての理解が進んだ結果，無限級数

$$\zeta(s) = \sum_{n=1}^{\infty} \frac{1}{n^s} \quad (s \in \mathbb{C}, \ \mathrm{Re}\, s > 1)$$

の解析接続によって素数の分布と複素解析の接点が Riemann によって発見されました．Gauss はレムニスケート関数の研究を通じてつとに楕円モジュラー関数の一端に触れていましたが，これは Schwarz, Klein および Poincaré によって微分方程式論との関係において群の作用で不変な関数として研究され，保型関数の理論が生まれました．この文脈で，Riemann の写像定理は単連結な Riemann 面の分類定理として一般化さ

れました. 1973 年に出版された Ahlfors の本 [A] では, この結果 (Koebe の一意化定理[*2]) は「一変数の解析関数の全理論の中で単独で最重要」とされています. Hilbert スクールの俊秀であった Hermann Weyl は 28 才のときここに到る成果を集大成し, かつ「最も単純な, 最も適切な」方法を模索した結果, 名著 "Die Idee der Riemannschen Fläche (リーマン面の概念)" を著しました (cf. [W]). Weyl によれば,「一意化の理論において Weierstrass と Riemann の思想圏は一つに結合し, 完全な統一に達した」のです. ここからの複素解析はいくつかの方向に分岐するのですが, 一意化定理は道に迷いそうになった時いつでも戻れる地点に高くそびえています.

2. Bergman 理論の展開

Riemann 写像を核関数を用いて表す公式を得た Bergman は, 1922 年の論文 [B-1] 以来, 核関数の探求という新しい道を進みました. それをまとめた総合報告 [B-2] が 1950 年に "The Kernel Function and Conformal Mapping (核関数と等角写像)" と題して出版されました. Riemann の論文が出た 1851 年を幾何学的関数論の元年とすれば, 1950 年がその百年紀に当たることも意識されたかもしれません.

まず序文では複素直交関数系と多変数関数論, 楕円型微分方程式をみたす関数の理論および微分幾何学との関連性が述べられるとともに, 将来の計算機技術の発達によりこの理論

[*2] 単連結な Riemann 面は Riemann 球面 $\hat{\mathbb{C}}$, 複素平面 $\mathbb{C}$ および単位円板 $\mathbb{D}$ の 3 つに限る.

から多くが期待できることが述べられます. 最初の 4 章は基礎的な理論で, Fourier 解析の学部レベルの入門書のような解説で始まります. しかし Bergman の公式はすぐに核関数が定義される第 2 章で出てきます.

第 3 章は変換公式[*3] の幾何学的な内容である Bergman 測度 $K(z,z)|dz|^2$ の解説です. これは複素 1 次元の場合計量になっていますが, 後で導入される Bergman 計量とは違います. 第 4 章は一旦複素領域から離れ, 抽象的な再生核 Hilbert 空間が解説されます. ここは Aronszajn の論文 [Ar] に基づいています.

第 5 章は Bergman の公式を一般化する方向の話で, 古典的な解析学で重要な Green 関数や Neumann 関数と核関数の関係が論じられます. 円環領域のような多重連結領域上の調和関数の空間で核関数が論じられるので, Aronszajn の一般論が必要になっています. 第 6 章の話題はこのような再生核に基礎づけられた等角写像論で, 多重連結領域を種々の標準的な截線（せっせん）領域[*4] へと等角に写像する関数を求めています. 第 7 章では単連結領域上で Bergman 核 K と Szegő 核 $\hat{K}$ の関係式

$$\left\{ \frac{\hat{K}(z,\zeta)}{\hat{K}(\zeta,\zeta)} \right\}^2 = \frac{K(z,\zeta)}{K(\zeta,\zeta)}$$

が示された後, 絶対値の上限が 1 を越えない有界正則関数 f と $\hat{K}$ との関係式

[*3] 第一話の (4)
[*4] $\mathbb{C}$ に何本かの線分または円弧による切れ目（slit）を入れた領域

$$|f'(\zeta)| \le 2\pi \hat{K}(\zeta, \zeta)$$

が示されます．これは後に吹田信之が [Su] で提出した問題
（吹田予想）の伏線にもなっています．第 8 章では領域の変動
が論じられ，Bergman 核の変分公式が示された後，Schiffer
*5 による一般的な変形法が述べられます．Schiffer の方法
は極値的写像の定性的な性質を記述するため [Schf-1] で
創出されたもので，「内部変分」という革新的な着想を含み
単葉関数論の多くの文献に浸透しました（cf. [A]）．これは
有名な Teichmüller の理論 [T] と並んで，後に小平邦彦と
D.C.Spencer により展開された複素構造の変形理論の原型と
もみなせるものです．

第 9 章は再び截線領域への写像の話ですが，Garabedian,
Schiffer および Lehto による方法の紹介です．第 10 章では正
則関数以外への一般化，第 11 章では多変数正則関数への一
般化*6 が論じられます．ここで有界領域上の **Bergman 計量**

$$\partial\bar{\partial}\log K(z,z) := \sum_{i,j=1}^{n} \frac{\partial^2 \log K(z,z)}{\partial z_i \partial \bar{z}_j} dz_i d\bar{z}_j$$

が導入され，多重円板 $\mathbb{D}^n$ と開球 $\mathbb{B}^n$ が $n \ge 2$ のとき双正
則同型ではないことの証明に応用されます．この事実は
Poincaré [P] によってはじめて指摘され，最初の厳密な証明
は Reinhardt [R] によりますが，Bergman 核で多変数関数論
に新境地を開こうとしていた Bergman ですので，ここの証明
には一層の気合を込めたものと思われます．

---

*5 Menahem Schiffer（1911–97）変分学的方法により等角写像論で重要な貢
献をした．1958 年の ICM（国際数学者会議）で基調講演をしている．
*6 ここの話は 2 変数の場合に書かれているがただちに n 変数に拡張できる．

[B-5] のあらましは以上ですが，Bergman 計量は [B-3] で導入されて以来，複素多様体上の不変量として最も重要なものの一つです．これに付随した概念として**代表座標系** (representative coordinates) があります．後者は Bergman 計量ほどには有名ではありませんが，一口にいうなら双正則写像を線形写像として表す座標系であり，状況によっては極めて有用です．定義を式で書くと

$$D \ni z \longmapsto w \in \mathbb{C}^n :$$

$$w_i(z) = \sum_{j=1}^{n} T^{\bar{j}i}(z_0) \left(\frac{\partial}{\partial \bar{\zeta}_j} \log \frac{K(z,\zeta)}{K(\zeta,\zeta)} \right) \Big|_{\zeta = z_0}$$

（ただし $(T^{\bar{j}i})$ は $\left(\dfrac{\partial^2}{\partial z_i \partial \bar{z}_j} \log K(z,z) \right)_{i,j}$ の逆行列を表す．）

ですが，一般には $K(z,\zeta)$ が零点を持ちうるので D 全体では定義できません．代表座標系にはこういう大きな欠点があるのですが，それでもこれを用いて Lu Qi-Keng [Lu] は Bergman 計量による $\mathbb{B}^n$ の著しい特徴づけを得ました．すなわち領域 D の Bergman 計量が完備[7]であり，その正則断面曲率[8]が負の定数であれば $D \cong \mathbb{B}^n$（双正則）です．ちなみに，Bergman 計量は Kähler 計量[9]の例になっていて，[B-3] でもそのことが注意されていますが，ここでは Bergman 計量を式の中に含む代表座標系が Kähler 計量を導入した [K] や [S-D] に先立って，すでに [B-2] において現れていることも

---

[7] Bergman 計量によって定まる距離空間として D は完備

[8] 複素 1 次元方向の断面曲率

[9] Hermite 計量 $\sum g_{\alpha\bar{\beta}} dz_\alpha d\bar{z}_\beta$ で基本形式 $\dfrac{\sqrt{-1}}{2} \sum g_{\alpha\bar{\beta}} dz_\alpha \wedge d\bar{z}_\beta$ が閉形式であるものを Kähler 計量という．

注意しておきたいと思います.

Mathematical Review 誌[*10] で, Spencer は [B-5] につい て「この本は完全に初等的な形式で, ほとんどすべての部分 で抽象的な概念を使わずに書かれており, 多くの部分は複素 関数論の初歩的な知識だけで読めるようになっている.」と持 ち上げています. さらに Bergman 核が Riemann 面上では 2 乗可積分な正則 1 形式のなす空間に付随するものであるとい う指摘は, その後の展開を予測させるようで興味深いもので す. Spencer の評で特に強調されているのは第 5 章に書かれ た Schiffer の公式

$$K(z, \zeta) = -\frac{2}{\pi} \frac{\partial^2 G(z, \zeta)}{\partial z \partial \bar{\zeta}} \tag{1}$$

です. ただし G は領域(複素 1 次元)の Green 関数を表しま す[*11]. これを用いて吹田 [Su, Theorem 2] は Bergman 核と対 数容量[*12] c_β を結ぶ公式

$$\frac{1}{\pi} \frac{\partial^2}{\partial z \partial \bar{z}} \log c_\beta(z) = K(z, z) \tag{2}$$

を示しました. (1) は [Schf-2] で示されましたが, 右辺が再 生性を持つこと自体は Wirtinger [Wr-2] により初めて指摘さ れました.

さて, [B-5] に引用された Bergman 自身の論文は 31 篇で すが, 必ずしもすべての結果が本文中で引用されているわけ

[*10] 現在の MathSciNet (Review PDF) のこと

[*11] Riemann 面 Ω に対し Ω の Green 関数 G は $-G := \sup\{u_w(z); \Delta u_w \geqq 0,$ $u_w < 0,\ u_w - \log|z-w| \in L^\infty_{loc}(\Omega)\}\ (z, w \in \Omega)$ で定義される.($-G$ を Green 関数と呼ぶこともある.)

[*12] $c_\beta(z) = \lim_{w \to z}(-G(z, w) - \log|z-w|)$

ではありません．それはこれらの連作が似た話題を繰り返し
扱っているからだけではなく，ものによっては内容を記しに
くかったという事情があるようです．このことは特に［B-3］
に当てはまります．これは重要な論文で，その第1部[13] は
Bergman 計量の話で始まるのですが，式が込み入っていて全
体を読み通すには相当の忍耐を必要としそうです．しかしこ
の論文の主要結果は $K(z,z)$ の境界挙動の評価に関する単純
明快な主張で，すぐに Behnke と Thullen による多変数関数
論の総合報告［B-Th］の最終章で紹介されました[14]．当時広
島大学に所属していた岡潔も興味を持って［B-3］を読んだこ
とが，奈良女子大が所蔵する岡潔の書き込み付きの［B-Th］
を見ればわかります．ところがこの論文に対する岡の印象は
よくありませんでした．書き込みには［B-3,p.18］の結果に
対して

> 之はある globale な cond のもとに云ってある
> ──むしろ，ある特別な場合にとした方がよい
> Voire. Crelle 1933（特に §5 Satz II 及び §6 Satz IV）
> （此の論文によって判ずるに St. Bergmann[15] は餘り感心
> しない（人柄が））

という批判的な感想が記されているのです．ともかくこれら

---

[13] $\partial/\partial\bar{z}$ を初めて用いたのは Wirtinger［Wr-1］であると第一頁の脚注にある．

[14] 具体的な形は第3話に記す．

[15] Bergman はユダヤ系だったので，ヒトラー政権の誕生後米国に移住し，そのとき Bergmann が Bergman になった．

の主張が正当化されたのは 1965 年以後のことになります. 次回はその話に進みたいのですが, その前に 1950 年代に Bergman 計量に密接にかかわる重要な仕事がなされたのでそれを眺めておきましょう.

3. 小平理論と Bergman 核

1950 年は多変数関数論にとっても大きな節目の年で, 岡潔 [O] が連接層の理論を発表したのがこの年でした. 連接層は岡が一連の研究の集大成を目指す中で発見した概念で, 最初は岡が不定域イデアルと呼んだものですが, それをやや一般化した連接層の名が H.Cartan が岡理論を整理した層係数コホモロジー論の中で定着しました (cf. [Kb-2] など). この岡・Cartan 理論は 20 世紀後半の数学に大きな影響を与えました. 小平邦彦による複素多様体[*16]論もその延長上にあります.

岡の論文の原稿自体は 1947 年に完成していて, それがフランスの雑誌に載るまでの経緯には興味深いものがあります. 原稿はまず, 岡の親友で京都大学教授であった秋月康夫の自宅まで, 岡自身によって届けられました.

敗戦直後の食料困難に悩んでいる頃だった. ボロ服に風呂敷包を肩に振り分けた, 岡潔君の久し振りの訪問をうけた. 第一印象は "彼もずい分と齢をとったものだ. まるで百姓のようだ" ということであった. 当時, 無職であった同君は, 家や

[*16] $\mathbb{C}^n$ の領域への同相写像 φ_α をもつ開集合族 $\{U_\alpha\}$ で被覆され, $\varphi_\alpha \circ \varphi_\beta^{-1}$ が $\varphi_\beta(U_\alpha \cap U_\beta)$ 上で正則であるようなハウスドルフ空間を複素多様体という. φ_α を局所座標と呼ぶ.

田を売り，芋を栽培して糊口を養いつつ，多変数函数論の開
拓に励まれてきていたのである．戦争中芋畑から，層の概念
の芽が，不定域イデアルの形で生み出されたのである．この
論文は手記のまま，1948 年渡米する湯川君に託されたが，角
谷・Weil の手を経て H.Cartan に手渡され，パリで印刷され
るにいたったものである．プリンストン高級研究所に招待さ
れたわが国科学者は，この 1948 年の湯川・角谷両君が戦後
最初であった．そして翌年に，朝永・小平君と続いた．

秋月康夫『輓近代数学の展望』より

　この論文に感銘を受けた Weil と Cartan が相次いで奈良を
訪れ，岡と歓談したことは有名です．

　1954 年，小平 [Kd-3] は Hodge 計量[*17]を持つコンパクト
な複素多様体は代数的[*18]であろうという，1950 年に Hodge
[H-2] が提出した予想を，Bochner らによる大域的微分幾何
の技法を層係数コホモロジーの解析に応用することにより解
決しました（小平の埋め込み定理）．これは Weyl の Riemann
面論 [W] の高次元化を目指した Hodge の理論 [H-1] をよ
り精密な形で一般化した [Kd-1] の延長上にあり，直接に
は小平が 1949 年に渡米してから始まった Spencer との共同

[*17] M 上の Kähler 計量とはある開被覆 $\{U_i\}$ に対して局所的に $\partial\bar{\partial}\log a_i$（$a_i$ は
U_i 上 C^∞ 級）と表せる計量であると言ってもよいが，これらの a_i の間の隣接関
係が正則関数系 $\{e_{ij}\}$（$e_{ij}\in\mathcal{O}(U_i\cap U_j)$）で $e_{ij}e_{jk}=e_{ki}$ をみたすものを用いて
$a_i=a_j|e_{ji}|^2$ と表せるとき，この計量は Hodge 計量であるという．Kähler 計量
つきの多様体を Kähler 多様体といい，Hodge 計量つきの多様体を Hodge 多様
体という．

[*18] 複素射影空間内でいくつかの多項式の共通零点として表せる集合は代数的
であると言い，代数的集合と双正則同型な複素多様体を代数的であるという．

研究の一環でもありました．具体的には Kähler 多様体上の Laplace 型作用素の 0 固有空間が自明になる条件と Dolbeault [D] によって確立されたコホモロジー同型定理を組み合わせることにより，[Kd-2] でコホモロジー消滅定理を示し，それを応用した結果でした．小平の埋め込み定理は複素トーラス[*19] が代数的であるための Riemann の条件の一般化を含んでおり，複素幾何における金字塔となりました．この分野への代表的な入門書である [Kb-2] の第 7 章は「消滅定理と埋蔵定理」と題されていますが，これはもちろん小平理論を指します．

　小平先生の自伝 [Kd-6] によれば，Spencer との共同研究は次のようにして始まりました．

　プリンストンに着いて早速ワイル先生にお目に掛かった．先生は私があまりにも英語が下手なのでちょっと驚かれたらしく，「二学期になって少し英語がうまくなったらゼミをしよう」といわれた．

　しばらくしてプリンストン大学のスペンサー (D.C.Spencer) 教授からちょっと会いたいという伝言があったので会いに行ったら，ゼミで調和テンソル場の話をしてほしいといわれた．英語がしゃべれないから駄目です，と断ったら，いま英語がしゃべれないと英語でしゃべったじゃないか，といわれて，結局毎週一回大学で調和テンソル場の話をすることになった．

[*19] $\mathbb{C}^n$ の加法的離散部分群の作用によるコンパクトな商空間を複素トーラスという．

「調和テンソル場」というのは，今日の用語で言えば調和微分形式のことで，ここでは特に，コンパクトなリーマン多様体上でラプラス方程式をみたすものを指します．これについての大論文 [Kd-1] を携えて小平先生はプリンストンに乗り込んだのでした．スペンサーとの共同研究は [Kd-2, 3] の後複素構造の変形理論 [Kd-S] として著わされ，その全貌が講義録 [Kd-4, 5] と著書 [Kd-7] にまとめられています．

さて，[Kd-3] では Bergman の著書 [B-4] が引用されていますが，それは Bergman 計量が Hodge 計量の好例になっているからです．このことから，小平の埋め込み定理の系として，「コンパクトな複素多様体 M に対し，$\mathbb{C}^n$ の有界領域 D と正則自己同型群 $\mathrm{Aut}(D)$ の部分群 Γ があり，M が Γ の真性不連続な作用による商空間 D/Γ として書ければ，M は代数的である．」が導かれます．なぜならこのとき D 上の Bergman 核 $K(z, z)$ は M の標準束の Hermite 計量[*20] と自然に同一視できるので，Bergman 計量を与える式 $\partial\bar{\partial}\log K(z, z)$ は M 上の Hodge 計量となるからです．この結果は多変数の保型関数論の根底に据えるべき原理だと思われます．

Bergman 核はこのように，おそらく Bergman が予測しなかった方向にも展開し始めました．小林昭七は [Kb-2] で「1変数の場合の結果の多変数化が本格的になってきたが，その際 Bergman 計量などの幾何学的道具が非常に重要な役割を果たしている．今後，多変数関数論はますます幾何的になっていくと思われる．」と述べています．小林自身，Bergman 計量の完備性についての論文 [Kb-1] でこの言葉を実証していま

[*20] 標準束とその Hermite 計量（＝ファイバー計量）については [Kb-2] を参照．

す.

次回はこの小林の研究も含め，Bergman核の境界挙動につ
いて［B-3］で主張された結果と，そこで残された不完全な点
が次第に解決されて行った経緯について述べたいと思います.

参考文献

［A］Ahlfors, L., *Conformal invariants. Topics in geometric function theory*,
Reprint of the 1973 original. With a foreword by Peter Duren, F. W.
Gehring and Brad Osgood. AMS Chelsea Publishing, Providence, RI,
2010. xii+ 162 pp. 等角不変量—幾何学的関数論の話題（大沢健夫訳）
現代数学社　2020.

［Ar］Aronszajn, N., *Theory of Reproducing Kernels*, Transactions of the
American Mathematical Society. **68**（3）（1950），337-404.

［Be］Behnke, H., *The kernel function and conformal mapping（book
review)*, Bulletin of AMS 76-78.

［B-Th］Behnke, H. and Thullen, P., *Theorie der Funktionen mehrerer
komplexer Veränderlichen*, Ergebnisse der Mathematik und ihrer
Grenzgebiete, **51**. Zweite, erweiterte Auflage. Herausgegeben von R.
Remmert. Unter Mitarbeit von W. Barth, O. Forster, H. Holmann, W.
Kaup, H. Kerner, H.-J. Reiffen, G. Scheja und K. Spallek. Springer-
Verlag, Berlin-New York 1970 xvi+ 225 pp.

［B-1］Bergmann, S., *Über die Entwicklung der harmonischen Funktionen der
Ebene und Raumes nach Orthogonal Funktionen*, Math. Ann. **86**（1922），
238-271.

［B-2］——, *Über die Existenz von Repräsentantenbereichen in der Theorie der
Abbildung durch Paare von Funktionen zweier komplexen Veränderlichen*,
Math. Ann. **102**（1930），no. 1, 430-446.

［B-3］　——, *Über die Kernfunktion eines Bereiches und ihr Verhalten am
Rande*, J. Reine Angew. Math. **169**（1933），1-42.（1934），89-123.

［B-4］Bergman, S., *Sur les fonctions orthogonales de plusieur variables*

complexes avec les applications á la théorie des fonctions analytiques,
Interscience Publishers 1941.

[B-5] ――, *The Kernel Function and Conformal Mapping,* Mathematical
Surveys, No. 5. American Mathematical Society, New York, N. Y.,
1950. vii+ 161 pp.

[D] Dolbeault, P., *Sur la cohomologie des variétés analytiques complexes,* C.
R. Acad. Sci. Paris **236** (1953), 175-177.

[H-1] Hodge, W.V.D., *The theory and applications of harmonic integrals,*
Cambridge University Press, 1941, 2nd ed., 1952, reprinted 1959.

[H-2] ――, *The topological invariants of algebraic varieties,* Proc.
International Congress of Math. **1** (1950), 182-192.

[K] Kähler, E., *Über eine bemerkenswerte Hermitesche Metrik,* Abh. Math.
Sem. Univ. Hamburg **9** (1933), no. 1, 173-186.

[Kb-1] Kobayashi, S., *Geometry of bounded domains,* Trans. of AMS **92**
(1959), 267-290.

[Kb-2] 小林昭七 **複素幾何** 岩波書店 2005 326pp.

[Kd-1] Kodaira, K., *Harmonic fields in Riemannian manifolds (generalized
potential theory),* Ann. of Math. **50** (1949), 587-665.

[Kd-2] ――, *On a differential-geometric method in the theory of analytic stacks,*
Proc. Nat. Acad. Sci. U.S.A. **39**, (1953), 1268-1273.

[Kd-3] ――, *On Kähler varieties of restricted type (an intrinsic characterization
of algebraic varieties),*. Ann. of Math. (2) **60** (1954), 28-48.

[Kd-4] 小平邦彦述 諏訪立雄記 複素多様体と複素構造の変形 I 1968
（東京大学数学教室セミナリーノート 19）

[Kd-5] 小平邦彦述 堀川穎二記 複素多様体と複素構造の変形 II 1974
（東京大学数学教室セミナリーノート 31）

[Kd-6] 小平邦彦 **怠け数学者の記** 岩波書店 1986.

[Kd-7] 小平邦彦 複素多様体論（新装版）岩波書店 2015

[Ku] 楠幸男 **解析函数論** 数学双書 2 廣川書店 1962 v+ 255pp.

[Lu] Lu, Q.-K.,. *On Kähler manifolds with constant curvature,* Acta Math.
Sinica **16** 269-281 (Chinese); translated as Chinese Math.–Acta **8**
(1966), 283-298.

[R] Reinhardt, K., *Über Abbildungen durch analytischen Funktionen zweier Veränderlicher*, Math. Ann. **83** (1921), 211-255.

[Schf-1] Schiffer, M., *A method of variation within the family of simple functions*, Proc. London Math. Soc. **44** (1938), 432-440.

[Schf-2] ——, *The kernel function of an orthonormal system*, Duke Math. J. **13** (1946), 529-540.

[S-D] Schouten, J. A. and van Dantzig, D. *On projective connexions and their application to the general field-theory*, Ann. of Math. (2) **34** (1933), no. 2, 271-312.

[Su] Suita, N., *Capacities and kernels on Riemann surfaces*, Arch. Rational Mech. Anal. **46** (1972), 212-217.

[T] Teichmüller, O., *Extremale quasikonforme Abbildungen und quadratische Differentiale*, Abh. Preuss. Akad. Wiss. Math.-Nat. Kl. 1939, (1940). no. 22, 197 pp.

[W] Weyl, H., *Die Idee der Riemannschen Fläche*, Teubner 1913. 和訳（田村二郎）：リーマン面　岩波書店　1974.

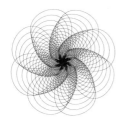

第3話

1. 小林先生の思い出

前回は Bergman の総合報告 [B-2] を概観した後,Bergman 計量に関連して小平邦彦先生の仕事と「多変数関数論はますます幾何学的になっていくと思われる.」という小林昭七先生の言葉を紹介しました. 今回は Bergman 核の境界挙動の話として小林先生の仕事 [Kb-1, 2] を紹介しますが,本題に入る前に小林先生について個人的な思い出も含めて記しておこうと思います.

小林昭七先生は名前の通り昭和七年 (1932) の生まれ (2012 年没) です. 東京大学で矢野健太郎助教授の指導下で微分幾何学を専攻後渡仏し,後にカリフォルニア大学バークレー校教授として活躍しました. 筆者が 1996 年にバークレーを訪れたとき,そこの若い人に専門を訪ねられ,多変数関数論と答えたところ「小林先生と同じことをしているのですか」と言われて驚いたことがあります. 1967 年に小林先生は多変数関数論に新境地を開く理論を創始しました. そのとき生まれた「小林計量」と「小林双曲性」は Bergman 計量と並んで,幾何学的になった多変数関数論のキーワードです. 先生に初めてお会いしたのは 1980 年,当時の西ドイツの首都

ボンで開かれた研究集会の折でした．運よく指導教授の中野
茂男先生（1923-1998）が小林先生と親しかったことから名
前をすぐに覚えてもらえ，その後長きにわたって小林先生か
らも多くを教わることができました．「他人の予想を解くな」
と言った有名な数学者がいましたが，小林先生に一度「先生
が答を一番知りたい問題は何ですか」とお尋ねしたところ，有
名な小林予想[*1]をあげられました．非常に率直な物言いをさ
れ，あるとき私が，何の話のついでだったか憶えていません
が，「春になると近所の公園に行って缶コーヒーを飲みながら
夜桜を鑑賞するのが楽しみです」と言ったとき，「まるで徘徊
老人だね」と返されたのは忘れられません．Bergman を日本
の関数論の専門家たちはベルグマンと読んでいるので筆者も
それに倣っていますが，小林先生はバーグマンと言っておら
れました．

2．多変数関数論と Bergman 核

　Bergman 核の境界挙動に関する問題は，多変数関数論の中
心的な課題であった Levi 問題と深く関わっています．そこで
まず Levi 問題について Bergman 核に引き寄せて説明してお
きたいと思います．

[*1]　$\mathbb{CP}^n$ 内の一般の d 次超曲面は $d > 2n-1$ ならば小林双曲的（$\mathbb{C}$ からの正
則写像の像は 1 点のみから成る）であろうというものだが，「十分次数の高い
一般の超曲面は小林双曲的」という形では Brotbek [Br] が解いた．$n \geq 3$ な
らば $d \geq 2n-1$ でよいだろうと予想されているが，現在知られている最良の結
果は $d \geq n^{n+1}(n+1)^{n+2}$ $(n^3 + 2n^2 + 2n - 1) + n^3 + 3n^2 + 3n$ $(\leq (n+1)^{2n+6})$ （cf.
[D]）．

複素 1 変数の収束べき級数 $\mathfrak{p} = \sum_{k=0}^{\infty} a_k(z-c)^k$ $(a_k,\ c \in \mathbb{C})$ の正則関数としての定義域を解析接続により拡げて行くと，$\mathfrak{p}$ の取り方によっては最大の定義域として複素平面上の任意の不分岐領域[*2]が生じえます．しかし 2 変数以上の場合にはそのような最大定義域は勝手な領域ではありえず，例えば正則関数の特異点集合は孤立点を含み得ません．これは多変数の Laurent 級数の性質として直ちにわかることで，1897 年に Hurwitz の ICM 講演[*3]の中で指摘されたことでもありますが，Hartogs は 1906 年の論文で多変数のべき級数から最大限に解析接続をして得られる $\mathbb{C}^n$ 上の不分岐領域として**正則領域**の概念を導入し，変数ごとに正則な関数の正則性などと共に多変数解析関数論を新しい視点から詳しく論じました．例えば凸領域が正則領域であることを見るのは容易ですが，与えられた領域が正則領域かどうかを問題にしたとき，双正則な座標変換で不変な，幾何学的な凸性よりやや弱い形の性質に注目せざるを得ません．Hartogs は正則領域の形状がべき級数の変数ごとの収束半径の性質と関連することを見出しています．

　Hartogs はこのような視点を持ち込んだのでしたが，境界が滑らかな時は正則領域はある微分不等式で記述できる特徴を持っています．Levi が 1910 年に [L-1] で導入した擬凸性の条件はそのようなものです．

[*2] 複素多様体 M, N の間に局所同相正則写像 $M \to N$ があるとき M は N 上の不分岐領域であるという．

[*3] ICM=International Congress of Mathematicians（国際数学者会議）.

定義 1 $\mathbb{C}^n$ 内の C^2 級の領域すなわち C^2 級の定義関数 ρ を持つ領域 D に対し[*4], D （または ∂D）$\}$ が**擬凸**であるとは ∂D 上の各点 z_0 において Hermite 形式

$$L_\rho(z_0, \xi) := \sum_{i,j=1}^{n} \frac{\partial^2 \rho}{\partial z_i \partial \overline{z}_j}(z_0)\xi_i \overline{\xi}_j \tag{1}$$

が z_0 における ∂D の複素接空間

$$T'_{\partial D, z_0} := \left\{ \zeta = (\xi_1, \cdots, \xi_n) \in \mathbb{C}^n : \sum_{i=1}^{n} \frac{\partial \rho}{\partial z_i}(z_0)\xi_i = 0 \right\}$$

上で非負であることを言う.

このような領域を **Levi 擬凸**な領域と呼び，(1)（またはその $T'_{\partial D, z_0}$ への制限）を ρ の（z_0 における）**Levi 形式**と呼びます. 局所的に正則領域であるような領域は単に**擬凸領域**と呼ばれます．Levi 擬凸性の条件は $\mathbb{C}^n$ の座標 z を使って書かれていますが，同じ式を点 z_0 のまわりの任意の正則な局所座標で書いても条件としては同値であり，従って複素多様体内の領域に対しても Levi 擬凸性は矛盾なく定義できます．しかもそれだけでなく，この概念の導入は，

$$\mathbb{B}^n \not\cong \mathbb{D}^n \ (n \geq 2) \tag{2}$$

の幾何学的な理由を定義関数の Levi 形式のランクで統一的に説明できる可能性を開いています．$L_\rho(z_0, \xi)$ が $T'_{\partial D, z_0}$ 上で正定値であるとき ∂D （または D）は z_0 で**強擬凸**であると言い，強擬凸ではない Levi 擬凸な領域は**弱擬凸**領域と言いま

[*4] より正確には，「$\mathbb{C}^n$ 内の領域 D が ∂D のある近傍 U 上の C^2 級実数値関数 ρ に対し $D \cap U = \{z \in U : \rho(z) < 0\}$ かつ $(d\rho)^{-1}(0) \cap \partial D = \emptyset$ をみたすとき」

す．(2) を $n \geqq 2$ のときの強擬凸性と弱擬凸性の違いとして理解できることは Poincaré の「発見的な考察」でもありました．後で述べますが，このプロジェクトが決定的な進展を見たのは 1974 年になってからでした．

Levi は C^2 級の正則領域はすべて Levi 擬凸であることを示し，[L-2] で $\mathbb{C}^n$ 内の Levi 擬凸領域は正則領域かという問題を提出しました．これはそれから 40 年あまりにわたって多変数解析関数論で最重要の未解決問題になりました[*5]．

一方，Bergman 計量は 1933 年に [B-1] で導入されたのでしたが，これは任意の有界領域上で双正則不変な Kähler 計量になっていて，従って有界な Levi 擬凸領域上の Bergman 計量がどのような特性を持つか[*6] は注目に値する問題です．これらの解明の糸口として最初に調べられたのが Bergman 核の境界挙動でした．Bergman 計量は Bergman 核を微分して得られるので，これの増大度が計量の完備性と関連することが期待されますし，うまくいけば Levi 問題が解けるかもしれないのです．しかしながら，1933 年の段階ではこの目的に適う道具が決定的に不足していました．Riemann の写像定理の完全な証明のためには関数解析的なアイディアが必要でしたが，Bergman 核の解析には関数解析学の十分な展開に基礎づけられた新しい偏微分方程式論が必要だったのです．ここを突破したのは Hörmander [Hm-1] でした．

[*5] 実際に Levi が書いたのは $n = 2$ の場合で，岡潔は [O-1] でこれを解決し，[O-2] で一般の場合を解いた．

[*6] 例えば完備性や曲率の正負など

3．Bergman 核の境界挙動

Bergman 核と Levi 問題のつながりは，具体的には与えられた領域 D に対して

$$\lim_{z \to \partial D} K(z, z) = \infty \tag{3}$$

となるかどうかに関わっています．なぜなら，この場合には任意の境界点 $z_0 \in \partial D$ に対し正則関数族 $\{K(z, \zeta)\}_{\zeta \in D}$ が z_0 のまわりに一斉に解析接続されることはあり得ないからです．$z \in D$ と ∂D の Euclid 距離 $\delta(z) = \inf_{w \in D} \|z - w\|$ と $z_0 \in \partial D$ に対し，$D = \mathbb{B}^n$ の時には

$$K(z, \zeta) = \frac{n!}{\pi^n} \frac{1}{(1 - \langle z, \zeta \rangle)^{n+1}} \tag{4}$$

より $\lim_{z \to z_0} K(z, z) \delta^{n+1}(z) = \frac{n!}{2^{n+1} \pi^n}$ となりますが，より一般に D が強擬凸のときにこの左辺がどんな値になるかが自然な問題です．D が強擬凸のときにこれが 0 でないことが言えさえすれば，Levi 問題は少なくとも最も基本的な原型に対しては肯定的に解決されることになります．Hörmander [Hm-2] によれば，この理由で Bergman 核は多変数関数論で興味を持たれたのでした．Levi 問題の解決を目指していた岡が [B-Th] を読んだとき,「$n = 2$ であれば**一般に** $K(z, z)$ は $z \to \partial D$ のとき $\delta(z)^{-2}$ または $\delta(z)^{-3}$ のオーダーで発散する.」という主張に敏感に反応したのは当然でしょう．Bergman にとってもこれが切実な課題であったことは，これについて当の本人と議論する機会があった Hörmander が [Hm-2] で以下のように伝

えています[*7].

Stefan Bergman は，彼にちなんで Bergman 核が名付けられたのだが，スタンフォード大に長くいた．ちょっと変わったところのある人で，誰彼となくつかまえては Bergman 核について非常な情熱をもって長々と講釈をすると言われていた．私は結構うまく彼を避けていたが，とうとうつかまる日が来てしまった．そのとき彼が私に語りたかったのは自分の論文についてであった．皮切りは論文を Acta Mathematica に投稿したときのことで，Carleman がどんなにひどい仕方でその掲載を拒否したかについて，Bergman はくどくどと語った．30 年以上経っても，その仕打ちはちくちくと彼を苛み続けているのだった．Carleman が如何に誤っていたかを私に納得させようとして，彼は $\mathbb{C}^2$ 内の開集合上の核関数の境界挙動について示したことを話し始めた．その方法は，適当な変数変換の後，（与えられた開集合を）内側と外側から開球と 2 重円板で近似することによるものだった．（その議論の）明白な弱点は，彼が集合全体で定義された適当な新しい解析的な座標を必要としており，そのような座標が存在するかどうかはほとんどの場合に判定が不可能なことだった．しかしそうは言っても，すべての C^2 級の強擬凸な境界点においては，その点のまわりの局所複素座標を，境界が高次の項を除いて（3 次元）球面に一致するように

[*7] この話は ［Oh–1,2] と重複するが省くことはできない.

できる．Bergman から解放されて帰宅する途中，私は（自分が得たばかりの）新しい L^2 評価式が，Bergman が主張した漸近公式を正当化するのに丁度良いものであることに気付いた．それは複素 n 変数まで拡張される．スカラー関数の空間における $\bar{\partial}$ 作用素の最大閉拡張[*8] が閉値域を持つような集合の，従って特に $\mathbb{C}^n$ のすべての擬凸集合の，任意の強擬凸境界点におけるものとしてである．

これは数学史に残る名場面と言えるかもしれませんが，このとき Hörmander が Bergman の情熱にほだされた格好で証明を発見したのは次の定理です．

定理1 D は $\mathbb{C}^n$ の擬凸領域とし，∂D は z_0 で強擬凸であるとする．また，ρ は ∂D の z_0 のまわりの定義関数で，$|\nabla_\rho(z_0)| = 1$ をみたすものとし，ℓ は ρ の z_0 における Levi 形式の固有値の積とする．このとき $\lim_{z \to z_0} K(z,z)\delta(z)^{n+1} = \dfrac{\ell n!}{4\pi^n}$ となる．

この結果は論文 [Hm-1] の最終章を飾りました．ちなみに，上の話は [Hm-2] では次のように続きます．

[*8] 2乗可積分な関数 f に対して Schwartz の超関数の意味で定まる $\left(\dfrac{\partial f}{\partial \bar{z}_1}, \cdots, \dfrac{\partial f}{\partial \bar{z}_n}\right)$ の成分がすべて2乗可積分であるような f の集合を定義域とする作用素 $f \longmapsto \sum_{j=1}^n \dfrac{\partial f}{\partial \bar{z}_j} d\bar{z}_j$.

これは私の Acta Math. に掲載された論文 [Hm-1] に書かれた．（数年後に Diederich [Di] は証明の主要部である局所化が以前から知られていた層の理論からも導けることを示した．）その後，これよりはるかに精密な結果が得られて来た（それらについては後述する）が，私の知る限り，この結果はこの種のもののうちで最初の一般的な定理である．

定理 1 も素晴らしいのですが，「新しい L^2 評価式」を使う [Hm-1] の方法は他にも応用が多く，それ以後の多変数複素解析の展開に大きな影響を与えました．

念のためですが，定理 1 によって，特に 2 次元の強擬凸領域に対しては $K(z,z)$ の増大度が $\delta(z)^{-3}$ と同じであることがわかるので，強擬凸領域の場合には Bergman の主張は正当化されたことになります．

では一般の Levi 擬凸領域に対してはどうかですが，その話は多少の紆余曲折を伴うので都合上後回しにし，ここでは [Hm-1] 以前になされた解析的多面体領域上の Bergman 計量に関する小林先生の仕事 [Kb-1] を紹介したいと思います．[Hm-1] は $\mathbb{B}^n$ 上の Bergman 核の性質を強擬凸領域へと一般化しましたが，[Kb-1] は $\mathbb{D}^n$ 上の話の一般化です．

定義 2 $\mathbb{C}^n$ の領域 Ω 上のベクトル値正則関数 $F:\Omega \to \mathbb{C}^N$ に対し，$F^{-1}(\mathbb{D}^N)$ の相対コンパクトな連結成分を**解析的多面体領域**という．

> **定理 2**（cf. ［Kb-1］）　解析的多面体領域上の Bergman 計量は完備である.

　この定理の証明は，任意の解析的多面体領域 D に対して(3) が成り立つことと，Bergman 計量に関する 2 点間の距離を評価する式から成っています．後者はそれ以後 Bergman 計量の完備性を示すための有用な判定法となり，後に B.-Y. Chen ［Ch］がもっと広い，ポテンシャル論的に自然なクラスの多様体の Bergman 計量の完備性を証明したときにも用いられました．また，［Kb-1］の中で Bergman 核は任意の複素多様体上の不変量として一般化されました．この一般化は小林核または小林 – Bergman 核と呼ばれてしかるべきものですが，小林先生はこれを「一般化された Bergman 核」ではなく単に Bergman 核と呼びました．ちなみに，小林先生が Bergman 計量に興味を持ったきっかけは，Chern に Carathéodory の論文を読むように勧められたことだといいます[9]．後で述べますが，［Kb-1］から ［Ch］に到達するためには Hörmander 流の L^2 評価法による詳しい解析が必要でした．

　さて話を定理 1 に戻しますと，これは Bergman 核についての画期的な成果ですので，［B-2］の増補版 ［B-3］（1970）でどう紹介されているかが気になるところです．そこでこの本を覗いてみたところ，第 11 章に新たに加えられた節があり，そ

---

[9]　多変数複素解析葉山シンポジウムでの会話．小林は後に ［Kb-2］で Carathéodory 計量と双対的な擬計量（小林計量）を導入した．ここから展開した小林双曲的多様体の理論は代数多様体上の有理点集合の有限性など，整数論の古典的な問題と関わっている.

こで定理 1 の $n = 2$ の場合の証明が欠点を残したままで述べられた後，「Hörmander がこれを一般次元に拡張した．」という注が書かれています．引用文献の数は [B-2] に比べて格段に増えていて [Hm-1] もその中に入っています．論文タイトルが誤って "Existence theorem for the δ-operator by L^2 methods" と書かれているのはご愛敬でしょうが，再度引用された [B-1] には脚注が加わって

　　論文の後半部は最初（9 か月ほど前）別の雑誌に投稿したが編集者によって掲載を拒否された．

とあります．これは Hörmander 相手に口説いた事情を指すのでしょうが，Bergman は自分の証明の欠点を最後まで認めることができなかったのでしょうか．もっともそれに時間がかかるということはたいていの数学者が経験することですが．

　さて，定理 1 を起点として Bergman 核の理論は多方向に展開しましたが，その話へと進む前に Steven G. Krantz 氏の力を借りて Bergman の名誉を多少なりとも回復しておきましょう．以下は [Kr] からの引用ですが，彼自身の体験に基づいた迫真のドキュメンタリーです．

　　1975 年に Williamstown で多変数関数論の大きな研究集会が開かれ，主要な講演の多くで Bergman 核が言及されたり詳しく論じられたりした．
　　Bergman はずっと，自分のアイディアの価値が十分認められてれていないと感じていた．集会に参加した彼は何人かの人に向かって，ついに自分の業績が認められた

瞬間を妻[10]（彼に付き添っていた）に見てもらえたことが嬉しいと言い募った．私は主要な講演のほとんどで彼の近くにいた．彼は「1922 年に Stefan Bergman が核関数を発明した」という言葉を聞き逃すことなく，毎回その部分だけをノートに書き取った．研究集会は 3 週間続いたが，私は彼がそうするのを 20 回は見たように思う．

その間にちょっと痛々しい場面があった．集会では双正則写像について多くの講演があったが，その途中で Bergman が立ち上がって「あなた方は代表座標系（これも Bergman の発明だった）に目を向けなければいけない」と言った時だった．私たちは意味がわからなかったのでその発言を無視した．彼はこのコメントを何度か繰り返したが，反応は変わらなかった．その 5 年後，S.Webster, S.Bell および E.Ligocka が正則写像についての有名な結果を驚くほど簡単化し，かつ拡張した[11]．それは何と，その代表座標系を使ってであった．

で，この「正則写像についての有名な結果」は何かという話になりますが，二三の準備が必要なのでそれについては次回に述べることにしましょう．

---

[10] Bergman は 1950 年に Adele Aldersberg と結婚した．[K] によれば，1950 年 5 月 7 日の晩，小平は Bergman 夫妻と映画を観に行った．夫人は映画俳優で Bergman 核については無知だったが，Schiffer 邸に招かれた折に彼女と話した斎藤三郎氏によれば，常に研究に打ち込んでいる夫を非常に尊敬していた．夫人の遺言によって Bergman 賞が創設された．（Bergman 賞は 2022 年以降は打ち切りとなった．）

[11] cf. [Wb], [B-L].

参考文献

[B-Th] Behnke, H. and Thullen, P., *Theorie der Funktionen mehrerer komplexer Veränderlichen*, Ergebnisse der Mathematik und ihrer Grenzgebiete, **51**. Zweite, erweiterte Auflage. Herausgegeben von R. Remmert. Unter Mitarbeit von W. Barth, O. Forster, H. Holmann, W. Kaup, H. Kerner, H.-J. Reiffen, G. Scheja und K. Spallek. Springer-Verlag, Berlin-New York 1970 xvi+ 225 pp.

[B-L] Bell, S. and Ligocka, E., *A simplification and extension of Fefferman's theorem on biholomorphic mappings*, Invent. Math. **57** (1980), no. 3, 283-289.

[B-1] Bergmann, S., *Über die Kernfunktion eines Bereiches und ihr Verhalten am Rande*, J. Reine Angew. Math. **169** (1933), 1-42. (1934), 89-123.

[B-2] —— (Bergman,S.), *The behavior of the kernel function at boundary points of the second order*, Amer. J. Math. **65** (1943), 679-700.

[B-3] ——, *The Kernel Function and Conformal Mapping*, Mathematical Surveys, No. 5. American Mathematical Society, New York, N. Y., 1950. vii+ 161 pp.

[B-4] ——, *The Kernel Function and Conformal Mapping*, Am. Math. Soc. Providence, RI, 1970.

[Br] Brotbek, D., *On the hyperbolicity of general hypersurfaces*, Publ. math. IHES **126** (2017), 1-34.

[Ch] Chen, B.-Y., *Bergman completeness of hyperconvex manifolds*, Nagoya Math. J. **175** (2004), 165-170.

[D] Deng, Y., *Effectivity in the hyperbolicity-related problems*, arXiv. 1606. 03831

[Di] Diederich, K., *Das Randverhalten der Bergmanschen Kernfunktion und Metrik in streng pseudo-konvexen Gebieten*, Math. Ann. **187** (1970), 9-36.

[Hm-1] Hörmander, L., *L^2 estimates and existence theorems for the $\bar{\partial}$ operator*, Acta Math. **113** (1965), 89-152.

[Hm-2] ——, *A history of existence theorems for the Cauchy-Riemann complex in L^2 spaces*, J. Geom. Anal. **13** (2003), 329-357.

[Kb-1] Kobayashi, S., *Geometry of bounded domains*, Trans. of AMS **92** (1959), 267-290.

[Kb-2] ——, *Intrinsic Metrics on Complex Manifolds*, Bull. Amer. Math. Soc. **73** (1967), 347-349.

[K] 小平邦彦　怠け数学者の記　岩波書店　1986.

[Kr] Krantz, S. G. *Mathematical anecdotes*, Math. Intelligencer **12** (1990), no. 4, 32-38.

[L-1] Levi, E.E., *Studii sui punti singolari essenziali delle funzioni analitiche di due o più variabili complesse*, Annali di Mat. **17** (1910), 61-87.

[L-2] ——, *Sulle ipersuperficie dello spazio a 4 dimensioni che possono cassere frontiera del campo di esistenza di una funzione analitica di due variabli complesse* 69-79., Annali di Mat. pura appl., (3), **18** (1911),

[Oh-1] 大沢健夫　大数学者の数学　岡潔　多変数関数論の建設　現代数学社　2014.

[Oh-2] ——, 現代複素解析への道標 | レジェンドたちの射程　現代数学社　2017.

[O-1] Oka, K., *Sur les fonctions analytiques de plusieurs variables. VI. Domaines pseudoconvexes*, Tôhoku Math. J. **49**, (1942). 15-52.

[O-2] ——, *Sur les fonctions analytiques de plusieurs variables. IX. Domaines finis sans point critique intérieur*, Jap. J. Math. **23** (1953), 97-155 (1954), J. Math. Soc. Japan.

[Wb] Webster, S. M., *Biholomorphic mappings and the Bergman kernel off the diagonal*, Invent. Math. **51** (1979), no. 2, 155-169.

[W] Weyl, H., *Die Idee der Riemannschen Fläche*, Teubner 1913. 和訳（田村二郎）：リーマン面　岩波書店　1974.

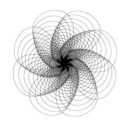

第4話 ───────────

1. 定義しかなかった Bergman 計量

1933 年に [B-2] で導入された Bergman 計量は双正則な変換で不変な Kähler 計量の好例であり，正則写像論や小平理論で応用されました．ところで 1933 年と言えば Hitler がドイツの政権を取った年で，ユダヤ系だった Bergman はロシアとパリを経由しつつ，何とかつてをたどって 1939 年から米国で研究を続けました[*1]．満を持して [B-5] を出版した 1950 年には，英国で開催された ICM（国際数学者会議）で講演を行っています．小平理論以前にも，1951 年には J. Mitchell[*2] [Mi-1] が領域

$$D = \{Z = (z_{jk})_{1 \le j \le m, 1 \le k \le n} \in \mathbb{C}^{mn} ; I - Z^{\,t}\overline{Z} > 0\}$$

の Bergman 核 K_D に対し

$$K_D(Z, Z) = V^{-1}[\det(I - Z^{\,t}\overline{Z})]^{-m-n}$$

$$V = D \text{ の体積}$$

という予想を立て [Mi-2] でこれを含む結果を示しています

[*1] Bergman の家族はナチのホロコーストに遭った．

[*2] Josephine Mitchell (1912-2000) カナダの数学者.

し，森田紀一[3] の「対称領域に対する核関数について」と題された論文 [Mo] は

　Bergman 核関数は 1 変数と多変数の関数論で重要性が認められた（[1][4]）.

という文章で始まっています[5]. とはいえ Hörmander の話からもうかがえるように，本人は周囲からは孤立気味だったようです. そして，Bergman 核の解析は当初の期待通りには進んでいなかったようです. このころの多変数関数論の主流は，岡潔が導入した不定域イデアルから Henri Cartan の手を経て展開した層係数コホモロジー理論と，岡が解いた Levi 問題からの進展であり，特にこれらを複素多様体および解析空間[6]上に一般化した Grauert の仕事が注目を集めていました（cf. [G-1,2]，[A-G]）. 1962 年の ICM で Grauert は基調講演をしています.

　そんな時 Hörmander が [Hm-1] で新たに持ち込んだ L^2 評価式の方法は，Bergman 核の解析に新たな道を開くことになりました. Hörmander が Fields 賞を受賞したのは 1966 年で，同年出版の入門書 [Hm-2] は非常に有名です[7]. これを勉強した知人は「多変数関数論のどんな問題でも L^2 評価の方

---

[3] 1915-95. 一般位相空間論や森田同値の概念で有名.
[4] ＝ [B-5]
[5] [Hua], [Lu], [X] も参照.
[6] 局所的に正則関数の共通零点集合と同相な位相空間上に正則関数や正則写像の概念を広げたもの（cf. [H-U]）.
[7] 第 2 版と第 3 版を合わせた被引用度数は 1140.

法で解いてみせる」という迫力を感じたそうです．Bergman
核は扱われていませんが，強擬凸領域上の Bergman 核の主
要項を決定するにはここに書かれた方法で十分です．ちなみ
に，[Hm-2] の前年に出版された Gunning と Rossi のテキスト
[G-R] は岡・Cartan 流のアプローチの解説で，これもよく読
まれました[8]．ここでは Grauert [G-2] による小平の埋め込み
定理の解析空間への拡張が紹介されていますが，Bergman 核
への言及はなく，[B-4] と [B-5] が参考文献として挙がって
いるのみです．

　日本では [Hm-2] と [G-R] の他に一松信先生の [H] がよ
く読まれました．最終章で Grauert 理論 [G-1] が紹介されて
おり[9]，大筋は [G-R] と同様なのですが，「ベルグマンの核関
数と計量」という節もあって，それがわりと最初の方であっ
たことから学部生時代の筆者の眼にもふれました．そこには
Bergman 核の境界挙動の話もありましたが，[B-3] と [B-4]
が引用されているだけの短い記述がやや物足りなく思い，微
分幾何が専門の中島和文先生[10] に質問したところ，「Bergman
計量には定義しかない」という答えをもらって驚きました．当
時は [Hm-2] も見ていたのですが，Bergman 核や Bergman
計量の漸近公式が表立った話題になることはなかったようで
す．ところがその年に現れた Fefferman[11] の論文 [Ff-1] が
この状況を一変させました．これが Krantz の言った「有名な

---

[8] 被引用度数はロシア語訳も含め計 539.

[9] [H] は [G-1] と [G-2] の間に出版された.

[10] 「小林双曲的な等質 Kähler 多様体は $\mathbb{C}^n$ の有界領域と同型」を示したこと
で有名（cf. [D-N]，[N]）.

[11] Charles Fefferman（1949-）．1978 年に Fields 賞を受賞.

結果」です．次節では Riemann 写像と Bergman 核の関連性
の理解を深める研究が [Ff-1] へとつながっていった経緯を述
べましょう．

2．双正則写像と Bergman 核の境界挙動

Bergman 核の重要な性質のうち再生核の一般論に含まれな
いものとして，変換公式

$$K_D(f(z), f(w))\det\left(\frac{\partial f}{\partial z}\right)\overline{\det\left(\frac{\partial f}{\partial w}\right)} = K_{D'}(z, w) \qquad (1)$$

があります[*12]．

$$K_{\mathbb{D}}(z, w) = \frac{1}{\pi(1-z\overline{w})^2}$$

ですから，$D = \mathbb{D}, w = z_0, f(z_0) = 0, f'(z_0) > 0$
のとき (1) は

$$\frac{1}{\pi}f'(z)f'(z_0) = K_{D'}(z, z_0)$$

となり，この式から Bergman の公式

$$f(z) = \sqrt{\frac{\pi}{K_{D'}(z_0, z_0)}} \int_{z_0}^{z} K_{D'}(z, z_0) dz \qquad (2)$$

が容易に導けます．特に $\partial D'$ が $\partial\mathbb{D}$ と C^∞ 級同相な場合には，
(2) と

$$K_{D'}(z, w) \in C^\infty(\overline{D'} \times \overline{D'} \setminus (\partial D' \times \partial D' \cap \{z = w\})) \qquad (3)$$

より

$$f \in C^\infty(\overline{D'})$$

[*12] f は $D' \subset \mathbb{C}^n$ から $D \subset \mathbb{C}^n$ への双正則写像であり，K_D（または $K_{D'}$）は
D（または D'）の Bergman 核．

が従います[*13]. $f \in C^\infty(\overline{D'})$ であること自体は Bergman 核以前に Painlevé が学位論文（1887）で示しました（cf. [Kr]）. これは Green 関数で Riemann 写像を表す式を使ってもできますが, Bergman 核を経由するなら Schiffer の公式

$$K_{D'}(z,\zeta) = -\frac{2}{\pi}\frac{\partial^2 G(z,\zeta)}{\partial z \partial \bar{\zeta}}$$

と

$$G(z,w) + \log|z-w| \in C^\infty(\overline{D'} \times \overline{D'} \setminus (\partial D' \times \partial D' \cap \{z=w\}))$$

であることを組み合わせてもできます. Green 関数のこの性質はよく知られた楕円型境界値問題の一般論に含まれます（cf. [L-M]）.

Carathéodory [C] は $\partial D'$ が $\partial \mathbb{D}$ と同相なときには $f \in C^0(\overline{D'})$ であることを示しました. Painlevé と Carathéodory の結果は領域とその境界の幾何学的な相関を示唆していますが, 等角写像論のこのような進展も Bergman 核の境界挙動への興味の背景にあったようです. ちなみに, 米国の Wright 兄弟が有人動力飛行を成功させたのは 1903 年であり, ロシアの Zhukovsky（または Joukovsky）が後に翼の設計に応用された等角写像を発見したのは 1910 年でした. 等角写像の境界挙動の研究が航空技術の展開に一つの道を開くかもしれないという期待は, ジェットエンジンが開発される頃まで続いたようです.

1972 年, Kerzman [Kz] は (3) を次のように高次元へと一般化しました.

[*13] $\overline{D'}$ はここでは D' の閉包を表す.

定理1 D は $\mathbb{C}^n$ の有界な強擬凸領域であり，∂D は C^∞ 級であるとする．このとき

$$K_D(z, w) \in C^\infty(\overline{D} \times \overline{D} \setminus (\partial D \times \partial D \cap \{z = w\})) \qquad (4)$$

である．

一方，Diederich は学位論文 [Di] で次を示しました．

定理2 D および ∂D は定理 1 と同様とし，$\partial D \ni 0$ かつ $D \subset \{z ; \operatorname{Im} z_n > 0\}$ とする．このとき 0 の近傍で

$$\partial D = \left\{ z ; \operatorname{Im} z_n = \sum_{j=1}^{n-1} a_j |z_j|^2 + O(3) \right\}$$

であれば，$\partial \bar{\partial} \log K_D(z, z)$ と

$$\frac{n+1}{4} \left(\frac{\sum_{j=1}^{n-1} a_j dz_j d\bar{z}_j}{\operatorname{Im} z_n} + \frac{dz_n d\bar{z}_n}{(\operatorname{Im} z_n)^2} \right)$$

は 0 における ∂D の内法線に沿って $z \to 0$ のとき漸近的に等しい．

実用面のことはさておき，Bergman 核の境界挙動についてこのようなことがわかってくれば，数学者たちの興味が双正則写像の境界挙動に向かったことは自然でしょう．この状況で Fefferman が示した次の結果は決定的でした．

定理3 D は定理 2 におけるものとし，D' も同様とする．このときもし双正則同型写像 $f : D \to D'$ が存在すれば，f は $\overline{D}$ から $\overline{D'}$ への C^∞ 級の拡張を持つ．

　証明の方針を一言で言うなら，$z \in D$ が Bergman 計量に関する測地線に沿って ∂D に（Euclid 計量に関して）近づくときの $f(z)$ の挙動の解析ですが，言うは易く行うは難しで実際には大変複雑です．すでに多変数の Fourier 解析で画期的な仕事をしていた Fefferman がこれをやり抜いたことには感銘深い点があります．ともかく定理 3 は非常に重要な breakthrough でした．幾何学とは畢竟変換群と不変量についての数学であるとしたのは Felix Klein でしたが，定理 3 と Hartogs 型の拡張定理を合わせれば，$n \geqq 2$ のとき強擬凸領域とその境界の幾何が Klein の意味では同等であることが従います．Poincaré がかろうじて [P] でその一端を垣間見た世界が，定理 3 によってはじめてその全貌を表したといってもよいでしょう*14.

3. $\bar{\partial}$–Neumann 問題と Bergman 核

　さて，Bergman が同業者たちに認められて喜んだ研究集会の話に戻ります．Fefferman の定理によって Bergman 核の重要性が決定的になったと言えますが，代表座標系の重要性を重ねて訴える Bergman の姿を描いた Krantz の文章は，Hörmander が伝えるやや依怙地な一面を補完しつつ，数学者

---

*14 $\mathbb{C}^n$ 内の実超曲面をモデルとした **CR 多様体**の理論がここから展開した．CR は Cauchy-Riemann の省略形でもあり $\mathbb{C}$（複素）$-\mathbb{R}$（実）の意味でもある．強擬凸 CR 構造は強擬凸領域の境界に相当し，$\bar{\partial}$–方程式の類似である $\bar{\partial}_b$–方程式（接 Cauchy-Riemann 方程式）の解析により埋め込み定理や不変式論的な結果が得られている（cf. Math. Reviews の 32Vxx）．

Bergman の面目を伝えて余りあります．そこでこの研究集会
の雰囲気を，報告集を頼りに味わっておきたいと思います．

　当時も今も，多変数関数論の最先端の話題は Bergman
核に近いものから遠いものまで様々ですが，この研究集
会はアメリカ数学会が主力を注ぐ夏季セミナー（Summer
Institue）として，特に活発な分野を選んで開催されるもので
す．Fefferman の成功がその年の採択に影響したことは確実
だと思います．組織委員のうち H.Grauert, R.C.Gunning,
J.Morrow, R.Narasimhan, H.Rossi, Y.-T.Siu, R.O.Wells は
それまでに多変数関数論や複素多様体論のテキストを書いた
ことのある人たちで，I.Craw は関数解析，D.Lieberman は代
数幾何で有名な人です．2014 年，Siu はこの研究集会を例に
とり「以前は多変数関数論の研究集会は数年に一度だったが，
最近は一年に何度も行われる．」と言いました．

　Wells による報告集の序文によりますと，重点を置かれた話
題は

　　$\bar{\partial}$ - 方程式，正則チェイン，微分幾何学，特異点，値分
　　布論，コンパクト複素多様体，近似理論，調和解析

でした．報告集の目次はこれに沿っていて

　　Singularities of Analytic Spaces（解析空間の特異点），
　　Function Theory and Real Analysis（関数論と実解析），
　　Compact Complex Manifolds（コンパクトな複素多様体），
　　Noncompact Complex Manifolds（非コンパクト複素多様
　　体），Differential Geometry and Complex Analysis（微分
　　幾何と複素解析），Problems in Approximation（近似理論

の問題），Value Distribution Theory（値分布論），Group Representation and Harmonic Analysis（群の表現と調和解析）

と分けられています．主要講演のうち Bergman 核に関係するものは

J. J. Kohn: Methods of partial differential equations in complex analysis（複素解析における偏微分方程式の方法）

R. E. Greene and H. Wu: Analysis on noncompact Kähler manifolds（非コンパクト Kähler 多様体上の解析）

および

D. Burns, Jr. and S. Shnider: Real hypersurfaces in complex manifolds（複素多様体内の実超曲面）

です．中でも Kohn の講演は Spencer が提唱した複素領域上の境界値問題である $\bar{\partial}$–Neumann 問題（cf. [G–S]）についてですが，端的には $\bar{\partial}$–方程式の理論で，「C^{∞} 級の境界を持つ強擬凸領域 D 上の $\bar{\partial}$–方程式 $\bar{\partial}f = u$（ただし $\bar{\partial}u = 0$）[15] は，u が $\bar{D}$ 上で C^{∞} 級なら $\bar{D}$ 上で C^{∞} 級の L^2 標準解を持つ[16]．」という Kohn の定理 [Kn–1,2] と，その一般化についてのものでした[17].

---

[15] $u = \sum u_j d\bar{z}_j \Rightarrow \bar{\partial}u = \sum \dfrac{\partial u_j}{\partial \bar{z}_k} d\bar{z}_k \wedge d\bar{z}_j$

[16] $\mathrm{Ker}\bar{\partial}$ に直交する解を L^2 標準解という．

[17] [Kn–1,2] は L.Nirenberg との共著 [Kn–N–1] で補強された．

　Kerzman による定理 1 の証明はこの Kohn の定理を応用したものだったので，Bergman も興味深く聴講したものと思われます．

　$\bar{\partial}$–Neumann 問題は与えられた境界値を持ち領域内部で調和な関数を求めよという古典的な Dirichlet 問題の複素版で，Spencer が提起し Kohn によって上の形で解決されました．この結果を使うと，次のような簡単な手続きで，強擬凸領域 $D \subset \mathbb{C}^n$ 上の正則関数を $z_0 \in \partial D$ で特異性を持つように作ることができます．

　まず z_0 の近傍 U と $f \in \mathcal{O}(U)$ を
$$f^{-1}(0) \cap \partial D = \{z_0\} \text{ かつ } f^{-1}(0) \cap U \cap D = \emptyset$$
となるようにとっておき[18]，z_0 のまわりで 1，$\mathbb{C}^n \setminus U$ 上で 0 となる C^∞ 級関数 χ をとり，$\overline{D}$ 上の C^∞ 級 $(0,1)$ 形式 v を $\bar{\partial}\chi$ の台の上では $\dfrac{\bar{\partial}\chi}{f}$ の外では 0 とおいて定めると，上の Kohn の定理より $\overline{D}$ 上の C^∞ 級関数 u が存在して $\bar{\partial}u = v$ が成り立ちますから，z_0 で $\dfrac{\chi}{f}$ と同じ特異性を持つ D 上の正則関数 $\dfrac{\chi}{f} - u$ が得られます．

　この方法を整理したものは可微分な境界値を持つ正則関数の構成に適しており，Fefferman の定理の証明も Kohn 理論に基づくものが最も簡明です[19]．

　Kohn はこのころ [Kn-3] からの展開を目指していましたが，その狙いは [Kn-1,2] の弱擬凸領域への一般化でした．弱擬凸の世界は強擬凸からの安直な類推を拒絶する面があり，

---

[18]　強擬凸性よりこれはつねに可能

[19]　Webster や Bell と Ligocka の証明（cf. [W], [B-L], [Oh]）

そこが魅力でもあります．Bergman のアイディアは与えられた領域が内側からは開球で，外側からは多重円板で近似できるということでしたが，領域が弱擬凸の場合にはこのような近似が局所的にさえ不可能であることを，Kohn は Nirenberg との共著論文［Kn-N-2］で示しています[20].

一般講演の中で Bergman 核についてだけ語っているものは

Some recent developments in the theory of the Bergman kernel function（Bergman 核の理論における最近の二三の進展）（K. Diederich）

ですが，

A Monge-Ampère equation in complex analysis（複素解析における Monge-Ampère 方程式）（N. Kerzman）

も Bergman 核に近い話題です．ちなみに Kerzman は Kohn と Nirenberg の指導を受けた人です．

このように，やや遅まきながらではありましたが，この研究集会は Bergman 核の 50 年を祝福するのにふさわしいものでした．惜しむらくは 2 年後の 1977 年 6 月 6 日，Bergman は報告集を見ることなしに他界[21] しました．Bergman の同僚であり親友でもあった Schiffer は，Bergman の論文を 63 編選んだ目録がついた論説［S-S］を書きました[22].　ちなみ

---

[20] 「Kohn–Nirenberg の反例」として有名.

[21] 報告集の出版は同年の 12 月 31 日.

[22] ［S-S］の論文リストには［B-1］が入っていないが本文で学位論文として紹介されている.

に, 1968 年に出版された数学辞典第二版 (岩波) の多変数解析関数の項には「1960 年代にはアメリカ学派の活躍もはじまった.」とありますが, その中でも Spencer 以下 Kohn や Fefferman がいたプリンストン大学は「ディーバー(=$\bar{\partial}$) シティー」と呼ばれたほどの活況を呈し, 特に 70 年代から 80 年代にかけて多くの研究結果が得られました. Bergman 核に関しては Fefferman 理論に刺激を受けて特に正則写像関連の進展がありましたが, Kohn は弱擬凸領域上の $\bar{\partial}$ - 方程式論を掘り下げ, [Kn-3] の最後で 2 次元の弱擬凸領域上の Bergman 核の境界挙動について一つの予想を述べました. これは Hörmander の結果の精密化にあたります. Fefferman の定理以後の展開は多彩ですが, 次回はまずこの Kohn の予想とその解決にまつわる話へと進みたいと思います.

参考文献

[A-G] Andreotti, A. and Grauert, H. *Théorèmes de finitude pour la cohomologie des espaces complexes*, Bull Soc. Math.France, **90** (1962), 193-259.

[B-L] Bell, S. and Ligocka, E., *A simplification and extension of Fefferman's theorem on biholomorphic mappings*, Invent. Math. **57** (1980), no. 3, 283-289.

[B-1] Bergmann, S., *Über die Entwicklung der harmonischen Funktionen der Ebene und Raumes nach Orthogonal Funktionen*, Math. Ann. **86** (1922), 238-271.

[B-2] ——, *Über die Kernfunktion eines Bereiches und ihr Verhalten am Rande*, Reine u. Angew. Math. **169** (1933), 1-42. (1934), 89-123.

[B-3] ——, *Sur les fonctions orthogonales de plusieurs variables complexes avec les applications à la théorie des fonctions analytiques*, Mémor. Sci. Math., no. 106. Gauthier-Villars, Paris, 1947. 63 pp.

[B-4] ——, *Sur la fonction-noyau d'un domaine et ses applications dans la théorie des transformations pseudo-conformes*, Mémor. Sci. Math., no. 108. Gauthier-Villars, Paris, 1948. 80 pp.

[B-5] ——, *The Kernel Function and Conformal Mapping*, Mathematical Surveys, No. 5. American Mathematical Society, New York, N. Y., 1950. vii+161 pp.

[C] Carathéodory, C., *Über die gegenseitige Beziehung der Ränder bei der konformen Abbildung des Inneren einer Jordanschen Kurve auf einen Kreis*, Math. Ann. **73** (1913), 305–320.

[Di] Diederich, K., *Das Randverhalten der Bergmanschen Kernfunktion und Metrik in streng pseudo-konvexen Gebieten*, Math. Ann. **187** (1970), 9–36.

[D-N] Dorfmeister, J. and Nakajima, K., *The fundamental conjecture for homogeneous Kähler manifolds*, Acta Math. **161** (1988), no. 1–2, 23–70.

[Ff-1] Fefferman, C., *The Bergman kernel and biholomorphic mappings of pseudoconvex domains*, Invent. Math. 26 (1974), 1–65.

[Ff-2] ——, *Parabolic invariant theory in complex analysis*, Adv. in Math. **31** (1979), no. 2, 131–262.

[G-S] Garabedian, P. R. and Spencer, D. C., *Complex boundary problems*, Trans. Amer. Math. Soc. **73** (1952), 223–242.

[G-1] Grauert, H., *On Levi's problem and the imbedding of real-analytic manifolds*, Ann. of Math. **68** (1958), 460–472.

[G-2] ——, *Über Modifikationen und exzeptionelle analytische Mengen*, Math. Ann. **146** (1962), 331–368.

[G-R] Gunning, R. C. and Rossi, H., *Analytic functions of several complex variables*, Prentice-Hall, Inc., Englewood Cliffs, N.J. 1965 xiv+317 pp.

[H-U] 広中平祐・卜部東介 解析空間論入門 (復刊) 朝倉書店 2011.

[H] 一松信 多変数解析函数論 培風館 1960 (復刻版 2016).

[Hm-1] Hörmander, L., *L^2 estimates and existence theorems for the $\bar{\partial}$*, Acta Math. **113** (1965), 89–152.

[Hm-2] ——, *An introduction to complex analysis in several variables*, D.

Van Nostrand Co., Inc., Princeton, N.J.–Toronto, Ont.–London 1966
x+208 pp.

[Hua] 華羅庚 多変数函数論中的典型域的調和分析 科学出版社 北京 1958.

[Kz] Kerzman, N. *The Bergman kernel function. Differentiability at the boundary*, Math. Ann., **195**, (1971–1972), 149–158.

[Kn-1] Kohn, J.J., *Solution of the $\bar{\partial}$ -Neumann problem on strongly pseudo-convex manifolds*, Proc. Nat. Acad. Sci. USA, **47** (1961), 1198–1202.

[Kn-2] ——, *Harmonic integrals on strongly pseudo-convex manifolds, I*, Ann. of Math., **78** (1963), 112–148, II,Ibid.. **79** (1964), 450–472.

[Kn-3] ——, *Boundary behavior of $\bar{\partial}$ on weakly pseudo-convex manifolds of dimension two*, J. Differential Geometry **6** (1972), 523–542.

[Kn-N-1] Kohn, J. and Nirenberg, L., *Non-coercive boundary value problems*, Comm. Pure Appl. Math. **18** (1965), 443–492.

[Kn-N-2] ——, *A pseudo-convex domain not admitting a holomorphic support function*, Math. Ann. **201** (1973), 265–268.

[Kr] Krantz, S. G., *Geometric function theory. Explorations in complex analysis*, Cornerstones. Birkhäuser Boston, Inc., Boston, MA, 2006. xiv+314 pp.

[L-M] Lions, J.-L. and Magenes, E., *Non-homogeneous boundary value problems and applications*, Vol. I. Translated from the French by P. Kenneth. Die Grundlehren der mathematischen Wissenschaften, Band **181**. Springer–Verlag, New York–Heidelberg, 1972. xvi+357 pp.

[Lu] 陆启铿 典型流形与典型域 上海科学技術出版社 1963.

[Mi-1] Mitchell, J., *A theorem in the geometry of matrices*, Proc. Amer. Math. Soc. **2** (1951), 276–278.

[Mi-2] ——, *The kernel function in the geometry of matrices*, Duke Math. J. **19** (1952), 575–583.

[Mo] Morita, K., *On the kernel functions for symmetric domains*, Sci Rep. T.K.D. Sect. A Vol. **5** No. 136 (1956), 190–212.

[N] 中島和文 等質ケーラー多様体における基本予想の解決 数学 **43**

(1991), 193-204.

[Oh] 大沢健夫 **多変数複素解析** 現代数学の展開 1997 岩波書店 （増補版：2018 岩波書店）

[P] Poincaré, H., *Les functions analytiques de deux variables et la représentation conforme*, Rend. Circ. Mat. Palermo , **23** (1907), 185-220.

[S-S] Schiffer, M. and Samelson, H., *Dedicated to the memory of Stefan Bergman*, Applicable Anal. **8** (1978/79), no. 3, 195-199.

[Wb] Webster, S. M., *Biholomorphic mappings and the Bergman kernel off the diagonal*, Invent. Math. **51** (1979), no. 2, 155-169.

[X] Xu, Y.-C., *Theory of complex homogeneous bounded domains*, Kluwer, Dordrecht 2005.

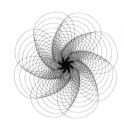

第5話

1. 第一人称のリアリティー

　いまさらお断りするまでもなく，ここでの話は筆者の狭い見聞を元にしたものですが，できるだけ多くの資料にあたって正確さを期してきました．しかし今回からは自分の仕事についても述べる必要があり，そのため記憶だけを頼りに記すところがあります．したがってその部分はやや割り引いて読んでいただければと思います．

　さて，Fefferman の定理のところですでに第一人称で語ってしまいましたが，それはいわば野次馬的な感想であり，実際に筆者が当事者の一人として Bergman 核にからむ研究を始めたのは 1980 年前後です．前回の最後に言及した Kohn 予想につながる話になりますが，これを 1981 年に中国の杭州で開かれた国際研究集会から始めましょう．「多元複變函數論杭州會議文集[*1]」として出版さた報告集によれば，この集会の講演数は 37，参加者数は 51 で，日本人としては小林昭七（バー

<hr />

[*1] Several Complex Variables, Proceedings of the 1981 Hangzhou Conference, J.J.Kohn, Q.-k.Lu, R.Remmert, Y.-T.Siu, editors, 1984. pp. xiii+267.

クレー), 中野茂男 (京大数理研), 野口潤次郎[*2] (東工大) の
3 名が出席しました. 当時の中国の状況からすれば異例の催
しで, 著名な S.S.Chern (陳省身[*3]) と L.K.Hua (華羅庚[*4])
および Academia Sinica (中国科学院) の支援の賜物であった
と組織委員による前文にあります.

筆者は当時ドイツの Wuppertal 大学に滞在中でしたが, こ
の研究集会のことは中野先生からの手紙で知りました. 手紙
には, 中野先生が "Some aspects of pseudoconvexity theory
in several complex variables (多変数関数論における擬凸性の
いくつかの側面)" の題で, 1970 年以来の一連の成果について
講演されたことが書いてありました. 報告集に載った論文で
はそれらが 7 つの定理にまとめられていますが, 一つは筆者
の修士論文 [Oh] の結果でした. これは中野先生に出された
問題を解いただけですが, 後になって Bergman 核の境界挙
動の研究に役立ちました. 上で自分の仕事と言ったのは一つ
にはこのことです. David W.Catlin が 2 次元の領域に対して
Kohn の予想を解決したこと[*5] はこの報告集で知りました.

ちなみに, この会議には Kohn の弟子の John P.D'Angelo
と Kerzman の弟子の Steven R.Bell も出席しています. 筆者
は Catlin, D'Angelo, Bell の 3 人とは同世代です. Catlin と
D'Angelo に初めて会ったのは 1983 年で, Bell には 1997 年に
会いました. D'Angelo とは囲碁という共通の趣味があること

[*2] 1948-. 値分布論における Nevanlinna 理論を高次元化して小林双曲性の研
究を進めた.
[*3] 1911-2004. 微分幾何が専門で, Chern 類は特に有名. 米国カリフォルニ
ア州バークレイの MSRI (数理科学研究所, 1982-) の創設者の一人でもある.
[*4] 1910-85. 独学の天才で数論が専門.
[*5] 詳細は [C-2] に書かれた.

もあってよく話しましたが, 一昨年ハワイで会ったとき「君に
は杭州で初めて会った」と言われて驚きました. そんなことも
あって, 筆者は自分の記憶力も完全には信じられなくなって
いるのです[*6].

2. 強擬凸と弱擬凸

Fefferman の論文 [Ff-1] の出現によって Bergman 核の重
要性が一挙に広く認知されたわけですが, その影響で, 以後
Bergman 核はそれ自体としても一層深く研究されるようにな
りました. その一つの方向は [Ff-2] で提示された Fefferman
のプログラムであり, Bergman 核の漸近展開を Riemann 幾
何における熱核の展開の理論を手本にして, 境界の Cauchy-
Riemann 幾何 (以後 CR 幾何と略す)[*7] の不変量で記述し
ようとするものでした (cf. [Hr-1]). これは強擬凸領域に
限った話で精密な考察とハードな計算を要するものですが,
Fefferman の成功をきっかけに多くの関心を引くようになりま
した. 特に [Ff-1] で双正則写像の境界挙動の解析の基礎に
なった展開式

$$K_D(z,z) = \varphi(z)\delta(z)^{-n-1} + \psi(z)\log\delta(z)$$

$$(\varphi, \psi \text{ は } \overline{D} \text{ 上 } C^\infty \text{ 級}[*8]) \qquad (1)$$

[*6] 筆者が杭州集会に参加しなかったことは報告集で確認できる.

[*7] 複素多様体の実超曲面をモデルとした構造の幾何学. Krantz の Bergman
核の入門書 [Kr] では CR 幾何は言及されていないが微分幾何では重要な話題
の一つ. Poincaré が提起した CR 構造の同値問題は $\mathbb{C}^2$ 内の実超曲面について
は Segre [Sg] により 1931 年に解決され, 一般次元では田中昇 [Tn] が解いた.

[*8] ∂D が実解析的なら φ, ψ も ∂D の近傍上で実解析的になることが柏原正
樹 [Kas] によって示された.

が Fefferman のプログラムの元になっています．ここで $\delta(z)$ は z と ∂D とのユークリッド距離ですが，$\delta(z)$ の代わりにある微分方程式の近似解のなかから ∂D の定義関数を選んでおき，それを用いて $K_D(z,z)$ の同様の漸近展開を作ると，φ と ψ に対応する項のテイラー係数に幾何学的不変量が現れます．Bergman 核の変換関係式

$$K_D(f(z), f(w)) \det\left(\frac{\partial f}{\partial z}\right) \overline{\det\left(\frac{\partial f}{\partial w}\right)} = K_{D'}(z, w)$$

は（1）を通じて ∂D と $\partial D'$ 上の不変量間の変換関係を導きます．この幾何学的構造は Levi 擬凸性の定義に現れた ∂D の複素接空間族 $\{T'_{\partial D, z_0}\}$ $(z_0 \in \partial D)$ に付随するもので，微分幾何学で**強擬凸 CR 構造**の名で研究されてきました．その標準形についての基本的な結果が田中昇［Tn］や Chern と Moser［Ch-M］によって得られています．このような基礎の上で，Fefferman のプログラムは多変数複素解析の枠を超えて，S.Lie や E.Cartan らが提示した一般的な幾何の枠組みで興味深い展開を見せています（cf.［Wls］,［Krn］,［Nr］).

　現代的な微分幾何の創始者ともいうべき E.Cartan は，Klein の「幾何学とは群の作用を不変量で記述するもの」という規定に収まらなかった Riemann の多様体論を Klein の思想と融合させつつ，様々な幾何を統一的に捉えるプログラムを作りました．1930 年代にそこからファイバー束の概念が生まれ，層の概念の先駆けとなりました．森本徹氏の論説［M］によれば今日ではそれがさらに発展して，Cartan 接続やそれをさらに拡張した概念などを通じて CR 幾何や共形幾何などのさまざまな幾何を統一的に理解する方法が得られてきています．

　強擬凸領域上の Bergman 核の研究はこの方向に着実な進歩を重ねてきました．1989 年に創設された Bergman 賞の受賞者は 41 名ですが，そのうちで CR 幾何への貢献が受賞理由に含まれる人は第 1 回の Catlin 氏と第 3 回の Fefferman 氏を含めて 16 名です．この中には倉西正武[*9] 氏と平地健吾[*10] 氏が含まれています．2019 年度の M.C.Shaw 氏は女性では 3 人目の受賞者です．この人の受賞理由の中にも "Cauchy-Riemann geometry" の文字があります[*11]．

　さて，Catlin の主な受賞理由は**弱擬凸領域**すなわち強擬凸でない Levi 擬凸領域上の $\bar{\partial}$ 方程式の解析を進めたことでした．2 次元の Kohn 予想の解決はその第一歩だったのです．次節ではそこから話を進めましょう．

3．Kohn 予想と Catlin の定理

　D を $\mathbb{C}^n$ 内の有界な C^∞ 級の Levi 擬凸領域とします．境界点 $z_0 \in \partial D$ を固定して z_0 における ∂D の内法線上を z が動くときの $K_D(z,z)$ と $\delta(z)$ の負べきの比較を問題にします．D の C^∞ 級の定義関数を ρ とします．ここでは ρ として $-\delta$ をとっても当面問題はありません．

[*9]　1925-2021，複素構造の変形の一般理論における基本的な結果（倉西族の構成）で有名．$(2n-1)$ 次元の多様体上で抽象的に定義された強擬凸 CR 構造が，$n \geq 5$ のとき局所的に $\mathbb{C}^n$ 内の強擬凸領域の境界として実現できること（倉西の埋め込み定理）を示した．

[*10]　1964-，(1) の対数項に現れる CR 不変量を「Weyl 不変量」として特定した．

[*11]　So-Chin Chen 氏との共著 [C-S] は CR 多様体に詳しい．

Kohn は C^∞ の強擬凸領域上の $\bar{\partial}$ 方程式について, 解の境界値まで込めた滑らかさについて決定的な結果を得たのでしたが, 端的には L^2 標準解の解析に成功したということです. つまり D が強擬凸なら

$$\bar{\partial} u = v \quad u \perp \mathrm{Ker}\,\bar{\partial}$$

の D 上 2 乗可積分な解 u が $\bar{D}$ 上で滑らかな v (ただし $\bar{\partial} v = 0$) に対して一意的に存在しますが, このとき u も $\bar{D}$ 上で滑らかであることを, 微分不等式をテコにして関数解析的な議論で導いたのでした. その結果を弱擬凸領域に対して拡げるために, Kohn は有限型の擬凸領域のクラスを導入しました. それによると ∂D の各点の型が, 「2 型=強擬凸」であるように定まり, ∞ 型の境界点を持たない領域として有限型の擬凸領域が定義されます. Kohn の理論がここまで広がるかどうかが主要な問題でしたが, Bergman 核の増大度と型の関係はそれに密接に伴うものでした.

[Kn] では, 有限型の境界点の近くではある $m \in \mathbb{N}$ に対して $K_D(z, z)$ は $\delta(z)^{-n-\frac{1}{m}}$ と比較可能であろうと予想されました[12]. これを Catlin は $n = 2$ のときに [C-1, 2] で解きました. 型の定義をここでは次の Kohn の予想の中で述べておきます.

---

[12] [Kn] で述べられたこの形では m は「型」ではない.

Kohn の予想　$n = 2$ であり，かつ $\overline{D}$ 上の関数

$$\mathcal{L}(z) := \det \begin{pmatrix} 0 & \frac{\partial \rho}{\partial z_1} & \frac{\partial \rho}{\partial z_2} \\ \frac{\partial \rho}{\partial \overline{z}_1} & \frac{\partial^2 \rho}{\partial z_1 \partial \overline{z}_1} & \frac{\partial^2 \rho}{\partial \overline{z}_1 \partial z_2} \\ \frac{\partial \rho}{\partial \overline{z}_2} & \frac{\partial^2 \rho}{\partial z_1 \partial \overline{z}_2} & \frac{\partial^2 \rho}{\partial z_2 \partial \overline{z}_2} \end{pmatrix}$$

とベクトル場

$$L := \frac{\partial \rho}{\partial z_2} \frac{\partial}{\partial z_1} - \frac{\partial \rho}{\partial z_1} \frac{\partial}{\partial z_2}$$

に対し，$\overline{D}$ 上の関数 $C_k(z)$ を

$$C_k(z) = (L\overline{L})^{k-1} \mathcal{L}(z)$$

で定めたとき，$C_1(z_0) = 0, \cdots, C_{m-1}(z_0) = 0, \ C_m(z_0) \neq 0$ であれば，ある定数 $C > 0$ が存在して，z が z_0 における ∂D の内法線に沿って z_0 に近づくとき

$$\frac{1}{C} \|z - z_0\|^{-2 - \frac{2}{m}} < K_D(z, z) < C \|z - z_0\|^{-2 - \frac{2}{m}} \tag{2}$$

となる．

この場合 z_0 は m 型になります．ちなみに，D が強擬凸の場合の Hörmander の漸近公式 $\lim_{z - z_0} K_D(z, z) \delta(z)^{n+1} = \frac{\ell n!}{4\pi^n}$（cf. [Hm-1]）をこの形で書くと

$$\lim_{z \to z_0} K(z, z) \rho(z)^{n+1} = -\frac{n!}{4\pi^n} \det \begin{pmatrix} 0 & \frac{\partial \rho}{\partial z_1} & \cdots & \frac{\partial \rho}{\partial z_n} \\ \frac{\partial \rho}{\partial \overline{z}_1} & \frac{\partial^2 \rho}{\partial z_1 \partial \overline{z}_1} & \cdots & \frac{\partial^2 \rho}{\partial \overline{z}_1 \partial z_n} \\ \vdots & \vdots & \ddots & \vdots \\ \frac{\partial \rho}{\partial \overline{z}_n} & \frac{\partial^2 \rho}{\partial z_1 \partial \overline{z}_n} & \cdots & \frac{\partial^2 \rho}{\partial z_n \partial \overline{z}_n} \end{pmatrix} \Bigg|_{z = z_0}$$

となります．

$$J[\rho] = (-1)^n \det \begin{pmatrix} \rho & \frac{\partial \rho}{\partial z_1} & \cdots & \frac{\partial \rho}{\partial z_n} \\ \frac{\partial \rho}{\partial \bar{z}_1} & \frac{\partial^2 \rho}{\partial z_1 \partial \bar{z}_1} & \cdots & \frac{\partial^2 \rho}{\partial \bar{z}_1 \partial z_n} \\ \vdots & \vdots & \ddots & \vdots \\ \frac{\partial \rho}{\partial \bar{z}_n} & \frac{\partial^2 \rho}{\partial z_1 \partial \bar{z}_n} & \cdots & \frac{\partial^2 \rho}{\partial z_n \partial \bar{z}_n} \end{pmatrix}$$

とおき，対応 $\rho \to J[\rho]$ を**複素 Monge-Ampère 作用素**といいます．D が強擬凸のときは，展開

$$K_D(z, z) = \varphi(z)\rho^{-n-1} + \psi(z)\log(-\rho(z))$$

の係数 φ, ψ のうち，φ については ρ を条件 $J[\rho] = 1 + O(\rho^{n+1})$ によって正規化するだけで φ の ρ に関する Taylor 係数が CR 不変量になりますが，ψ はそうでなく，そこを工夫してもう少しよい ρ を選んで ψ からも不変量を取り出したのが平地論文 [Hr-2] でした．このような話をモデルケースにして弱擬凸の話が進めばよいのですが，そうすんなりとはいかないのが面白いところです．

　Hörmander の漸近公式は強擬凸境界点の近くで領域を内側から $\mathbb{B}^n$ と双正則同値なもので近似できることを使いましたが，Catlin の解の要点は D を z_0 の近くで内側から多重円板で近似するというものでした．Hörmander [Hm-1] と同様の局所化原理に持ち込むことにより Kohn の予想が次のように (2) よりずっと精密な形で示されました．

> **定理 1**　D および記号を Kohn の予想におけるものとするとき，∂D のある近傍 U と定数 $C > 0$ が存在して
>
> $$\frac{1}{C} K_D(z, z) \leq |\rho(z)|^{-2} \sum_{k=1}^{m} |C_k(z)|^{\frac{1}{k}} |\rho(z)|^{-\frac{1}{k}} \leq C K_D(z, z)$$
>
> $$(3)$$

(3) は (1) と並んで，Hörmander が [Hm‐2] で述べた「その後，これよりはるかに精密な結果が得られて来た」の具体例と言えるでしょう．(1) は双正則写像の境界挙動への応用がありましたが，(3) の系として 3 種の双正則不変な計量[*13] の境界挙動が $\mathbb{C}^2$ 内の有限型領域上では一致することが得られ，これが Bergman 賞の対象となった業績の中にあげられています．ちなみに，受賞理由の中には Bergman 核 $K_D(z, w)$ が $\overline{D} \times \overline{D} \backslash (\partial D \times \partial D \cap \{z = w\})$ 上 C^∞ 級であることを D が強擬凸の場合に示した Kerzman の結果を有限型領域に一般化した仕事も含まれます[*14]．これが最も主要なものでしょう．ちなみに受賞理由の最後には弱擬凸な CR 多様体の埋め込み定理が挙げられています．

4．Catlin との遭遇

　筆者は Catlin と 5 回会って話をしたことがあります．Hörmander 先生とは一度同じ研究集会に出たことがあります．食事で同じテーブルについたこともあったのに自己紹介の挨拶をしなかったのが悔やまれます．Fefferman とは 3 度会ったことがありいつも印象深かったのですが，まず Catlin のことを記すことにします．

　Catlin は 1952 年の 5 月生まれなので筆者より半年ほど若く，米国だと同学年といったところです．はじめて会ったのは 1983 年 8 月，ドイツのオーバーヴォルファッハ数学研究

[*13]　Bergman 計量, 小林計量, Carathéodory 計量.

[*14]　ここでは n に制限はなく，有限型の定義は ∂D が複素曲線と一定以上の位数の接触をしないこととする．

所（＝MFO ＊15）での研究集会のときでした．Hörmander 先生の姿を拝んだのはこの時きりです．前年の春までドイツにいてやや旅慣れていた筆者は少し長めの旅行日程を組み，ボンの Max-Planck 研究所に赤堀隆夫＊16 氏を訪ねて最近の研究結果を教えてもらうなどしました．赤堀氏はちょうどその頃，強擬凸 CR 多様体の埋め込み問題を 7 次元の場合に解決したところでした．集会には日本から筆者の他に小松玄さん（大阪大）が出席していました．小松さんは強擬凸領域上の Kohn 理論を実解析的な強擬凸領域上で精密化し，$\bar{\partial}$ 方程式の L^2 標準解が境界でも実解析的であることを示しました＊17（cf. ［Km］）．平地氏の先生でもあります．また，米国生活経験者で，Kohn, Catlin, D'Angelo とはすでに知り合いでした．筆者はこの時初対面の Catlin に食事中数学の質問をし，その時の反応で彼がすでに超一流であることを知りました．次に Catlin に会ったのは 1985 年，ニューヨーク州立大であった大きな研究集会のときです．これには中野先生も出席され，Kohn スクールの人たちの話を聴いて「さすがにあの人たちはやっていることの意味を分かって話している」と感心しておられました．Catlin とは宿舎でよもやま話をしました．1997 年，谷口シンポジウム＊18 で Catlin は Fefferman らと来日しま

＊15　Mathematisches Forschungsinstitut Oberwolfach

＊16　中野先生の弟子で筆者には先輩にあたる．ボンに来る前はニューヨークのコロンビア大の倉西先生の下で CR 多様体を研究.

＊17　Derridj と Tartakoff は少し遅れて［D-T］でこれを独立に示した．

＊18　谷口数学国際シンポジウム．岡潔と秋月康夫（中野茂男の恩師）の第三高等学校時代の学友であった谷口豊三郎の支援で 1974 年から 1998 年までの間に 41 回開かれた．この回の組織委員は小松玄.

した．このときは昼食時に趣味のピアノについて話を聞きました．次は2004年のMFOでした．手を痛めてピアノが弾けなくなったと言っていましたが，この時初めて筆者の仕事を褒めてくれました．最後に会ったのは2006年で，その時の集会はカナダのBanff研究所であり，帰りのバスの中で小学生の時「ルーシー・ショウ」というテレビ番組が好きでよく見たという話をしたら，それは "I love Lucy" というのだと教えてくれ，自分も母親と一緒によく見たと言っていました．その時「大沢が何を訊くかと思ったら」と言われ，初対面の時に緊張させて悪かったと思いました．数学を志した頃の話もしましたが，Catlinは高校生の時数学の本が好きで広く浅く学んでいたところ，お兄さんに「研究者になりたかったら早く自分で問題を見つけて解くようにしなければ」とアドヴァイスされたと言っていました．お兄さん自身[19]はグラフ理論をやっていたそうで，それを聞いて自分が大学1年生のとき遊び半分で4色問題に挑戦していたことを思い出しました．

　ところでKohnの予想は強擬凸領域より広いクラスの擬凸領域上でBergman核を解析する上での指針となっていますが，より一般に，有界で C^1 級の境界を持つ正則領域 $D \subset \mathbb{C}^n$ に対してはいつでも

$$\liminf_{z \to \partial D} K_D(z, z)\delta(z)^2 > 0 \tag{4}$$

となるであろうことは，おそらくBergmanをはじめ，HörmanderやKohnの視界にも当然入っていたことであろうと思われます．しかし（4）は筆者と竹腰見昭氏の共著論

---

[19]　P.A.Catlin 1948-95.

文 [Oh-T] の主結果である L^2 正則関数の拡張定理の系として初めて示されたことです。これで Bergman 核の境界挙動についての Bergman の主張を完全に正当化することができています。ちなみに，[Oh-T] は [C-2] と同じ雑誌に掲載されました。Catlin に褒められたのはこの拡張定理です。これがアクセプトされる前に，小松さんに招かれて大阪大学で集中講義させてもらいました。その時，一回だけですが，筆者が話し始めた途端教室がしんと静まり返る瞬間がありました。幸いにもこの仕事を示唆する受賞理由により遅まきながら 2014 年度の Bergman 賞を頂くことができました。2015 年 1 月にアメリカ数学会の事務方から届いたメールには，受賞理由[20] に添えて "Christmas present" の文字がありました。確かに天から降ってきたような贈り物でした。その数ヶ月後ある有名な数学者から「きみはこの賞に値する。ただ遅すぎたのが残念」という言葉をもらい，「この人がサンタだったのか」と思いましたが[21]，もしかすると Catlin が推薦してくれたのかもしれません。こういうことに案外気を回すタイプで，筆者は以前，彼に頼まれてある人を特別教授に昇任させるための推薦状を書いたことがあります[22]。ともあれ，[Oh-T] の主結果は Bergman を喜ばせるものと認められ，そこからの面白い展開もありますので，次回からしばらくこれについて述べたいと思います。

---

[20] 特に記さない。ただ，CR の文字はなかった。

[21] 3 年以上経ってから，ある賞を辞退した有名な数学者（G.Pereleman ではない）にたまたま喫茶店で出会ったとき，「君は日本では評価されなかったけど外国で認められてよかったね」と言ってもらえたのも嬉しかった。

[22] ここを書いたとき，ついうっかり「Catlin を特別教授に推薦」と書き違えそうになった。

参考文献

[C-1] Catlin, D.W., *Invariant metrics on pseudoconvex domains*, Several complex variables (Hangzhou, 1981), 7-12, Birkhäuser Boston, Boston, MA, 1984.

[C-2] ——, *Estimates of invariant metrics on pseudoconvex domains of dimension two*, Math. Z. **200** (1989), no. 3, 429-466.

[Ch-M] Chern, S. S.; Moser, J. K. Real hypersurfaces in complex manifolds. Acta Math. **133** (1974), 219-271. Erratum: Acta Math. **150** (1983), no. 3-4, 297.

[C-S] Chen, S.-C. and Shaw, M.-C., *Partial differential equations in several complex variables*, AMS/IP Studies in Advanced Mathematics **19**, 2001, xii+380 pp.

[D-T] Derridj, M. and Tartakoff, D.S., *On the global real analyticity of solutions to the $\bar{\partial}$-Neumann problem*, Comm. Partial Differential Equations **1** (1976), no. 5, 401-435.

[Ff-1] Fefferman, C., *The Bergman kernel and biholomorphic mappings of pseudoconvex domains*, Invent. Math. 26 (1974), 1-65.

[Ff-2] ——, *Parabolic invariant theory in complex analysis*, Adv. in Math. **31** (1979), no. 2, 131-262.

[Hr-1] 平地健吾　強擬凸領域におけるベルグマン核の不変式論　数学 **52** (4) (2000), 360-375.

[Hr-2] Hirachi, K., *Construction of boundary invariants and the logarithmic singularity of the Bergman kernel*, Ann. of Math. (2) **151** (2000), no. 1, 151-191.

[Hm-1] Hörmander, L., *L^2 estimates and existence theorems for the $\bar{\partial}$ operator*, Acta Math. **113** (1965), 89-152.

[Hm-2] ——, *A history of existence theorems for the Cauchy-Riemann complex in L^2 spaces*, J. Geom. Anal. **13** (2003), 329-357.

[Kas] Kashiwara, M., *Analyse micro-locale du noyau de Bergman*, Sém. Goulaouic-Schwartz, 1976-1977, Expos6 VIII, 10 pp..

[Kz] Kerzman, N. *The Bergman kernel function. Differentiability at the boundary*, Math. Ann., **195**, (1971-1972), 149-158.

[Km] Komatsu, G., *Global analytic-hypoellipticity of the $\bar{\partial}$ -Neumann problem*, Tohoku Math. J. (2) **28** (1976), no. 1, 145–156.

[Kn] Kohn, J. J., *Boundary behavior of $\bar{\partial}$ on weakly pseudo-convex manifolds of dimension two*, J.Differential Geometry **6** (1972), 523–542.

[Kr] Krantz, S., *Geometric analysis of the Bergman kernel and metric*, Graduate Texts in Mathematics, **268**. Springer, New York, 2013. xiv+292 pp.

[Krn] 倉西正武　クライン，リーマン，カルタンの幾何について　21 世紀の数学 – 幾何学の未踏峰　宮岡礼子／小谷元子 [編] 日本評論社　2004 pp. 244-266.

[M] 森本徹　微分方程式の流れと幾何の光 -- リー，カルタンから倉西そして現代へ　倉西数学への誘い（藤木明 [編]）岩波書店 2013 pp. 98-116.

[Nr] Naruki, I. *On extendibility of isomorphisms of Cartan connections and biholomorphic mappings of bounded domains*, Tôhoku Math. J. **28** (1976), 117-122.

[Oh] Ohsawa, T., *Finiteness theorems on weakly 1-complete manifolds*, Publ. Res. Inst. Math. Sci.**15** (1979), 853-870.

[Oh-T] Ohsawa, T. and Takegoshi, K., *On the extension of L^2 holomorphic functions*, Math. Z. **195** (1987), no. 2, 197-204.

[Sg] Segre, B., *Intorno al problem di Poincaré della representazione pseudo-conform*, Rend. Acc. Lincei, **13** (1931), 676-683.

[Tn] Tanaka, N., *On the peudo-conformal geometry of hypersurfaces of the space of n complex variables*, J. Math. Soc. Japan **19** (1962), 397-429.

[T] Tartakoff, D. S., *On the global real analyticity of solutions to cmb on compact manifolds*, Comm. Partial Differential Equations 1 (1976), no. 4, 283–311.

[Wls] Wells, O. O. Jr., *The Cauchy-Riemann equations and differential geometry*, Proc. of Symp. in Pure Math. **39** (1) (1983), 423-435.

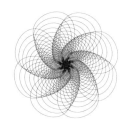

1. 数学は自然科学か

　2020年秋の東大の卒業式で，物理学者の五神 真氏は総長
として式辞（英文）で岡潔を取り上げ，随筆等で広く知られた
有名な言葉の数々を紹介しました．その中に，岡が大発見を
したときの感慨を述べた「全宇宙が自分を中心にずらっと一列
に整列したような感じがした」がありました．これはLevi問
題の解決や連接層の導入などの業績につながった上空移行の
原理*1の着想を得たときのことで，「岡潔頌」と題する万葉調
の長歌*2の中に，本人から直に聞いた言葉として残っていま
す．岡が多くの人の心をつかんだ随筆「春宵十話」に「発見の
喜びは何度かあったが，こんなに大仕掛けなのは初めてだっ
た．」という箇所がありますが，これは上空移行の原理の発見
を指しています．数学の美しさということがよく言われます

---

*1　関数の展開や近似についての問題は変数を増やして高次元化することにより単純化しうるというアイディアのこと．これを実現するための拡張定理を一般化するために不定域イデアル論が考案され，それが層コホモロジー理論へと展開した．
*2　作者は筆者の恩師である中野茂男（cf. [Oh-2]）．中野先生は岡潔の親友の秋月康夫の門下であり，岡に接する機会も多かった．

が，このような体験の中にこそ数学の高度な美が凝縮されているのだと思います．

数学的な対象は理想化されたものであり，直線や平行線は現実の存在ではないと教わりますが，その一方で，世界は物質的なものだけから成り立っているのではないことを哲学者たちは古くから説いてきました．その中にも区別があることをKroneckerは，「自然数は神が作ったがあとは人造物である」と表現しましたが，いずれにせよ数学上の大発見には，「整列」という，すべてがぴったりと合わさる感じが伴うようです．岡潔の言葉にはそこに人知を超えた力の働きがあるような深みがあり，これを体現した業績は，心に芽生えた理想の表現であるという点でも芸術の域に達していると言ってよいでしょう．物理の人たちが好んで使う「窮理」という言葉がありますが，岡の数学には「窮理」というよりも「窮微」という言葉の方が似合うように思います．窮理は物理の語源でもある朱子学の「格物窮理」から来ていますが，窮微は「窮微極妙」という風に使われ，より幽玄の趣があるからです．ちなみに，これは岡の恩師である河合十太郎[*3]が中学生の時に師事した算学者の関口開が好んで揮毫した言葉です．

筆者が多変数関数論を専攻したのには岡潔の影響が大きかったのですが，それだけに，1975年の前期，岡の高弟であった西野利雄先生（1932-2005）に学部のセミナーで「数学は自然科学の一部だと思っている」と言われたときはちょっと意外でした．しかし後になって，これは西野先生にとっては

[*3] 1865-1945. 京都大学理学部数学科初代の教授

そうだという意味で，言外に「岡先生の数学は違う」を含ませた言葉だと気づきました．「君もそういう（収まりの良い）数学をしなさい」という意味だったかもしれません．

　一方，中野先生の長女の淑子さんから「父はいつも，数学科は本来は理学部ではなく哲学科と並んで文学部にあるべきだ言っていました」という話を伺ったときは，驚くとともに「そんな育て方をしてもらっていたとは」と，今さらながら不明を恥じる思いでした*4.

　ともあれこんな筆者にとっては，「ああもあろうかこうもあろうか」と思っていたことが最終的に「経験を矛盾なく説明する」というだけでなく「これしかありえない」というぴったり整った形に落ち着く数学の論理は，少なくとも岡潔の水準においては何者にも代え難い美しさがあります．

　1975年といえば，4月にはベトナム戦争が終結し，夏にはWilliamstownでBergmanをいたく喜ばせた研究集会が開かれたのでした．筆者は競争率が10倍の院入試を控えていささか不安な毎日を送っていました．この時期には代数幾何のセミナーにも出席し，隅広秀康先生がセミナー中に出された問題を解いて発表したこともあります．しかしその後で代数幾何を専攻する院生*5に教えてもらった別解があまりにも鮮やかだったので，この分野は避けた方がよいかもしれないと思うようになりました．ある時セミナー終了後に外でヘリコプターが騒がしく飛び回っていました．それは大学付近の

---

*4　中野先生自身は最初は物理学を志し，学部生時代に湯川秀樹教授の指導を受けた．（湯川の日記（cf.[K]）には小梶君（旧姓）として登場する.）
*5　石田正典氏（1952-, 東北大学名誉教授）

銀行で現金強奪事件が起きたためでした[6]．そのあと幸いに
も大学院入試には合格し，研究課題を見つけるために代数幾
何や Grauert の理論をもっと勉強したく思っていました．秋
の学会では Nirenberg の講演に感銘を受けたのでしたが，そ
の頃コロンビア大学から倉西正武教授が来日されて数理研で
集中講義をされました．これは，倉西先生による複素構造の
標準的な変形法を広げて複素解析空間の孤立特異点の変形を
作ってみようというもので，そのあと中野セミナーで筆者の
先輩にあたる赤堀隆夫さんと宮嶋公夫さんが発展させ，良い
成果を挙げました[7]．具体的にはコンパクトな強擬凸 CR 多様
体の変形理論で，そのためには接 Cauchy-Riemann 作用素か
らなる複体を偏微分方程式の方法で解析する必要があり，赤
堀さんと宮嶋さんの話をセミナーで聴いているうちに，次第
に Bergman や Hörmander にも近づいて行ったのかなと思
います．そういえば，倉西先生からも直接「Bergman 核を
building blocks に分解してみたい」と伺ったことがあります
（1994 年の ICM の折）．

2. ぼくらの Bergman 核

さて Bergman 核に話を戻します．既に述べたように，強擬
凸領域上では Bergman の主張した境界挙動は Hörmander に

---

[6] 1975 年 7 月 8 日，京都市左京区百万遍の第一勧業銀行（当時）前で，集金
帰りの男女行員 2 名が強盗に襲われ，現金約 5300 万円が入ったジュラルミン
製のトランクが奪われた事件（未解決）．
[7] 特に [M] は決定的で，これにより宮嶋氏は解析学賞（2003 年度）を受賞した．

よって証明され，Fefferman らによって精密化されました．具体的には，展開公式

$$K_D(z, z) = \varphi(z)\rho(z)^{-n-1} + \psi(z)\log(-\rho(z)) \qquad (1)$$

の主要部が $\varphi|_{\partial D} = n!\pi^{-n}J(\rho)|_{\partial D}$ で与えられることを Bergman が予想して Hörmander が L^2 評価の方法で証明しましたが，積分核の代数の中で Bergman 核の特異性が変換公式により特徴づけられることを用いると，展開は主要部だけでなくもっと先まで，CR 幾何の不変量の構成を法として決定できます．

　Fefferman のこの発見以降，20 世紀後半に発達した超局所解析の手法が Bergman 核のこの種の解析に応用されました．$\mathbb{C}^n$ の有界領域 D 上で 2 乗可積分な関数のなす Hilbert 空間を考え，その上で定義された積分作用素

$$f(\zeta) \longmapsto (f(\zeta), K_D(\zeta, z))$$

を **Bergman 射影** と呼びます．Bergman 射影は $L^2(D)$ から閉部分空間 $L^2(D) \cap \mathcal{O}(D)$ 上への直交射影になっています．一般に直交射影は「強い」連続性を持ち，Bergman 核の境界挙動と Bergman 射影の関数解析的性質の関連はこの意味でも当初から広く感心を持たれてきました．L.Boutet de Monvel[*8] と J.Sjöstrand は D が強擬凸で ∂D が C^∞ 級の場合，Bergman 射影が複素相関数をもつ Fourier 変換型の積分作用素であることを示し（cf. [BM-S]），これにヒントを得た柏原正樹は，∂D が実解析的な場合に Bergman 核の漸近展開が代数的に計算できる公式を導きました（cf. [Kas]）．これは関数の枠組みを拡げたマイクロ関数の理論における計算で，ごく荒っぽく

[*8] Louis Boutet de Monvel（ルイ・ブーテ゠ド゠モンヴェル）フランスの数学者（1941-2014）

言えば，等式

$$\int_0^\infty e^{it(\langle z, w\rangle - 1)} dt = (1 - \langle z, w\rangle)^{-n-1}$$

の一般化ですが，詳しくは Fefferman 自身の講義に基づく論説 [B-Ff-G] があり，最近の進展については平地健吾氏の優れた解説 [Hr] があります．[BM-S] は Fefferman のプログラムに関連した大きな進展で，Sjöstrand 氏は 2018 年に Bergman 賞を受賞しています．

　一方，弱擬凸領域上の Bergman 核についてもこの間に見るべき展開がありました．第 5 話で述べた Catlin による Kohn 予想の解決はその一つですが，次の D'Angelo の論文 [D'A-1] の結果も面白いものです．

命題 1　$D = \{x \in \mathbb{C}^n ; \sum |z_i|^{2p_i} < 1\}$

$1 \leqq p_i < \infty$ とすると

$$K_D(z, w) = \sum \frac{p}{\pi^n} \left| \frac{u+1}{p} \right| \frac{(z\bar{w})^u}{\beta\left(\frac{u+1}{p}\right)}. \tag{2}$$

ただし

$$z\bar{w} = (z_1\bar{w}_1, \cdots, z_n\bar{w}_n), \ p = \prod p_i, \ |a| = \sum a_i$$

および

$$\beta(a) = \frac{\prod \Gamma(a_i)}{\Gamma(|a|)}.$$

　命題 1 における D を**擬楕円体**と呼びます．

$p_1 = \cdots = p_{n-1} = 1, \ p_n = p$ のとき，この無限級数表示は次のようにまとまります．

定理 1　上の仮定の下で

$$K_D(z,w) = \frac{n!}{\pi^n p^{n-1}} \sum_1^n c_k (1-\langle z', w'\rangle)^{-n+\frac{k}{p}}$$

$$((1-\langle z', w'\rangle)^{\frac{1}{p}} - z_n \overline{w_n})^{-k-1}.$$

ただし $z' = (z_1, \cdots, z_{n-1})$, $w' = (w_1, \cdots, w_{n-1})$ とおく. c_k は p に関する $n-k$ 次の多項式であり $k \neq 1$ のとき $p = 1$ で 0 に なる. とくに $c_n = 1$, $c_{n-1} = \dfrac{(n-1)(p-1)}{2}$.

系 1　$r = |z_n|^{2p} + \|z'\|^2 - 1$ とおくと

$$\lim_{r \to 0, z_n = \text{const}} \frac{(-r(z))^{n+1} K_D(z,z)}{\det(r_{z_i \overline{z_j}}(z))} = \frac{n!}{\pi^n}.$$

系 1 は特殊な擬楕円体に限ってではありますが Fefferman 理論とは違う方向に Hörmander の公式を精密化していて, Kohn 予想の部分的解決でもあります. 計算結果が出せるの は, z に関する単項式たちが D 上で直交系をなしていてそれ らの L^2 ノルムの計算が初等的な重積分の範囲に収まるからで す.

D'Angelo は 1951 年 3 月生まれなので Catlin と筆者より もほんの少し年長で, 1999 年に Bergman 賞を受けていま す. 受賞理由は有限型の擬凸領域の境界の幾何, 開球間の プロパーな正則写像の分類および Hilbert の第 17 問題[*9] へ の Bergman 核を用いた貢献です. 受賞後の有給休暇中に

[*9]　非負多項式を有理式の 2 乗和として表す問題.

D'Angelo は総合報告 [D'A-3] を書きました．前書きは「本
書は複素解析の種々の数学的対象に対して現れる不等式と正
値性条件について論じる．」という文章で始まっています．第
一章は複素数の定義から始まり第二章は直交関数系の基礎で，
この辺は Bergman の本と似た運びです．第三章は正則関数
の定義から始まって Bergman 核の導入へと至り，[D'A-1] を
[D'A-2] で一般化した結果である

$$D = \{(z, w) \in \mathbb{C}^n \times \mathbb{C}^m ; \|z\|^2 + \sum |w_i|^{2p_i} < 1\} \Longrightarrow$$

$$K_D((z, w), (z, w)) = \sum_{k=0}^{n+1} c_k \frac{(1 - \|z\|^2)^{-n-1+\frac{k}{p}}}{((1 - \|z\|^2)^{\frac{1}{p}} - \|w\|^2)^{m+k}}$$

が紹介されます．そのあとは Catlin との共同研究である
[C-D'A-1, 2] に沿う，正値関数を正則関数の絶対値の 2 乗
和で近似する理論の解説で，これは Bergman 核の Hilbert の
第 17 問題への応用です．最後は開球間のプロパーな正則写
像の話になります．2000 年にスタンフォード大学の近くで研
究集会があったとき D'Angelo の講演を聴きましたが，内容は
Hilbert 問題の話でした．この本の前書きから，D'Angelo がそ
のとき [D'A-3] を執筆中だったことがわかります．ちなみに，
Catlin-D'Angelo 理論を筆者が初めて聴講したのは 1997 年の
谷口シンポジウムのときでした．Catlin の講演後 Fefferman
がさかんに称賛していたことを覚えています．

　このように，Catlin と D'Angelo は Bergman 核を強擬凸に
準ずる条件下で研究しました．その結果，Bergman が 2 次元
の場合に「一般に 2 位か 3 位の」としか言えなかった漸近挙動
について，有限型の弱擬凸領域に対して Hörmander の定理
を拡張する精緻な結果が得られるようになり，古典的な問題
にも新たな切り口で迫ることができるようになりました．

最近のことですが, Chin-Yu Hsiao (蕭欽玉) 氏と Nikhil Savale 氏の研究 [H-S] によれば, Hörmander の公式が Fefferman の漸近展開へと精密化されたようにして, Catlin と D'Angelo の結果はさらに次のように精密化されました.

定理 2　$D \subset \mathbb{C}^2$ を C^∞ 級の境界を持つ有限型の擬凸領域とし, $x' \in \partial D$ は r 型であるとすれば, 任意の $N \in \mathbb{N}$ に対して

$$K_D(z,z) = \sum_{j=0}^{N} \frac{a_j}{(-\rho)^{2+\frac{2}{r}-\frac{1}{r}j}}$$

$$+ \sum_{j=0}^{N} b_j (-\rho)^j \log(-\rho) + O((-\rho)^{\frac{N-2-2r}{r}})$$

が $z \to x'$ のとき成立する. ただし a_j, b_j は実数で $a_0 > 0$.

Hsiao 氏は Sjöstrand の弟子で, Sjöstrand は Hörmander の弟子です. Savale 氏は本来は作用素のスペクトルの漸近解析が専門ですが, 何でもこなせる人のようです[*10]. より高次元の場合, 今のところ Bergman 核の漸近挙動が詳しくわかる領域のクラスは限られていますが, 神本丈氏 [Km] は定義関数の Newton 多面体から $K_D(z,z)$ の詳しい情報を取り出す方法を発見しています. このように, 強擬凸領域上でも弱擬凸領域上でも, Bergman 核の解析は着実な進歩を重ねています.

[*10] 2002 年に数学オリンピックで金メダルを取っている. 2022 年の教授資格試験 (Habilitation) では課された専門外の講演として, アンチェス (全ての駒を失うと勝ち) の必勝法について話したそうである.

さて，学部時代 Fefferman の快挙に大いに刺激を受けた筆者でしたが，Hörmander の論文［Hm］を読んだのは Bergman 核の境界挙動の研究を目指したからではなく，まったく別の必要からでした．それが後になって Bergman 核につながるのが不思議ですが，筆者の研究についてはともかくそこから話を始めたいと思います．

3．弱1完備多様体

中野先生の指導で，筆者はまず R.O.Wells 著のテキスト［W］を通読しました．この本はコンパクトな複素多様体上の Hodge と小平の理論を微分幾何的な方法で解説した入門書ですが，おおまかには小林昭七著「複素幾何」と同様です．小林先生の本は Wells の本より 20 年以上後になるので，内容がそう変わらないことからいかに基本的かがわかります．

この頃（1974 年）は毎日のように違うセミナーに顔を出し，トポロジーや整数論もかじっていましたが，浅野潔先生の指導で Schwartz の超関数（distribution）に出会い，感銘を受けたのもこの年でした．Riemann 面の理論は岡潔の直弟子であった武内章*11 先生から手ほどきを受けました．続けて複素多様体論を勉強するため中野先生を紹介してくださったのは武内先生です．Wells の本を読みながら，多様体の分類という目標を立てた時にどういう数学ができそうかということにつ

---

*11　1938-2018. 正則領域の境界までの距離の逆数が対数的多重劣調和性を持つことを，Fubini-Study 計量に対して示した．これは 1942 年に岡が Euclid 計量に関して示したことの一般化にあたる．

いて考えをめぐらせた痕跡が，未熟で断片的なまま Wells の
本の欄外に書き込まれて残っています．例えば「すべての理論
は常に最良のモデルを求める」とか「下部構造に奉仕しない上
部構造は無意味である」とかですが，これらはおそらくその
項目にした小平先生の名言「如何に立派な一般論も応用がな
いとつまらない」*12 の影響でしょう．しかし自分の力で取り
組めそうなテーマを見つけることは容易なことではあるまいと
感じていました．そんな時，セミナーで中野先生に「こうい
うことをノンコンパクト多様体上でやりたいんだ」とけしかけ
られたことに，筆者は決定的な影響を受けたように思います．
その後，Andreotti-Vesentini 理論に続けて中野先生の論文を
読んだり，Grauert 理論に続けて小平消滅定理の拡張にあたる
Grauert-Riemenschneider の論文を読んだりした後，筆者は
次の問題に取り組むことになりました．

中野予想　n 次元弱1完備多様体 M 上の直線束 B がある
コンパクト集合の補集合上で正なら，B を係数とする M の
(n, q) 次コホモロジー群 $H^{n,q}(M, B)$ は $q \geqq 1$ のとき有限次
元であろう．

　弱1完備多様体は中野先生が導入した概念ですが，コンパ
クトな複素多様体と正則領域を含むように設定された複素多
様体のクラスです．
　すでに第5話で述べたように，弱擬凸領域上の Bergman
核については Kohn 門下の研究が進展して現在に至っている

---

*12 『複素解析曲面論』（東大数学教室　セミナリーノート, 32, 1974）

わけですが, 弱 1 完備性は小平・Spencer の変形理論を背景としてコンパクト性と強擬凸性を自然につないだもので, コンパクトな複素多様体と Stein 多様体を両極端とするクラスを設定しています.

中野予想は Bergman 核と似た仕方で多変数関数論の基礎的な部分に関わっています. 今世紀に入ってからの Bergman 核の展開は直線束やコホモロジーと切り離しては述べられませんが, 以下ではまず弱 1 完備多様体の周辺に限って説明します. 複素多様体上の話になりますが, 正則関数や Levi 形式などの用語および記号は $\mathbb{C}^n$ の領域の場合に準じます.

定義 1 n 次元の複素多様体 M 上の C^2 級の実数値関数 φ が点 $x \in M$ で **q 擬凸** (または**弱 q 擬凸**) であるとは, φ の Levi 形式 $\partial\bar{\partial}\varphi$ が x で $n-q+1$ 個以上の正 (または非負) 固有値をもつことをいう.

定義 2 n 次元の複素多様体 M が **q 擬凸** (または**弱 q 擬凸**) であるとは, C^∞ 級[13] の皆既関数[14] $\varphi: M \to \mathbb{R}$ で, 集合 $K := \{x; \varphi は x で非 q 擬凸 (または非弱 q 擬凸)\}$ がコンパクトであるものが存在することをいう. $K = \emptyset$ のとき M は **q 完備** (または**弱 q 完備**) であるという. [15]

---

[13] L^2 評価の方法を使うとき C^2 級のままでは議論が進まないところがあるので, 以下では便宜上, φ は常に C^∞ 級であるとする.

[14] $c < \sup\varphi \Longrightarrow \varphi^{-1}((-\infty, c))$ は M 内で相対コンパクト.

[15] 以下で述べるのは $q = 1$ の場合だが, 一般にも有用な概念である (cf. [Oh-P]).

Grauert［G］は岡による Levi 問題の解を一般化して次を示しました.

定理 3　M が 1 完備であるためには正則凸[16]であり任意の 2 点が正則関数によって分離される[17]ことが必要かつ十分である.

---

1 完備多様体を Stein[18]多様体とも言います. n 次元の Stein 多様体は $n \geqq 2$ のとき $\mathbb{C}^{[\frac{3n}{2}]+1}$ の閉複素部分多様体と双正則同型であることが知られています[19]. 従って Stein 多様体を $\mathbb{C}^n$ の閉複素部分多様体と定義しても構いません.

岡による不定域イデアルの理論を一般化して Henri Cartan［Ca］は次を示しました.

定理 4　Stein 多様体 M 上の任意の解析的連接層[20] $\mathcal{F}$ の q 次コホモロジー群 $H^q(M, \mathcal{F})$ は $q \geqq 1$ のとき 0 である.

中野予想と定理 4 は結果を一般的な形で述べるために直線束や層のコホモロジーを使っていますが, これらの概念は与

---

[16]　M の任意のコンパクト集合 K に対し $\hat{K}: \{x \in M ; |f(x)| \leqq \sup_K |f|\}$ はコンパクトになる.

[17]　M の相異なる 2 点 x, y に対し $f \in \mathcal{O}(M)$ で $f(x) \neq f(y)$ をみたすものが存在する.

[18]　シュタイン

[19]　$n = 1$ のときもそうであろうと予想されるが未解決.

[20]　解析的連接層については［H-U］や［Oh-2］(第六章) などを参照.

えられた主要部を持つ有理型関数を作る問題から来ていますので，まずその周辺を眺めておきましょう．

　Bergman 核は Fourier 級数論に発する直交関数系の理論から派生したものでしたが，Weierstrass は関数の近似と展開の理論をより一般的な立場から展開しました．代表的なのは**「有界閉区間上の連続関数は多項式列の一様極限である」**という Weierstrass の近似定理ですが，複素解析においても同様の立場から一般的な関数を展開や近似によって基本的要素から構成するという形の定理を示し，その結果を一般化することにより多変数の周期関数の理論を基礎づけようとしました．そのために示された **Weierstrass の予備定理**は，今日なお多変数の解析関数論における最重要の第一歩です．これは与えられたべき級数を，収束べき級数なら収束べき級数として，形式的べき級数であればその範囲で，座標変換により多項式に似た形へと変形できるというものですが，正確には次のようになります．

定理 5 (Weierstrss の予備定理)

n 変数のべき級数

$$P(z) = \sum_{k_1, \cdots, k_n = 0}^{\infty} c_{k_1 \cdots k_n} z_1^{k_1} \cdots z_n^{k_n} \quad c_{k_1 \cdots k_n} \in \mathbb{C}$$

が

$$P(0) = 0, \ \cdots, \ \left.\frac{\partial^{r-1}}{\partial z_n^{r-1}} P(z)\right|_{z=0} = 0$$

$$\text{かつ } \left.\frac{\partial^r}{\partial z_n^r} P(z)\right|_{z=0} \neq 0$$

をみたせば，べき級数 $U(z), W(z)$ で $U(0) \neq 0$ かつ

$$W(z) = z_n^r + \sum_{k=1}^{r-1} a_k(z') z_n^{r-k}$$

$(a_k(z')$ は $z' = (z_1, \cdots, z_{n-1})$ のべき級数で $a_k(0) = 0)$

をみたすものが存在して

$$P(z) = U(z) W(z)$$

が成立する．$P(z)$ が収束べき級数であれば $U(z), W(z)$ として収束べき級数がとれる．

　この定理を用いて関数の局所的な素因子分解が示せます．では関数を各点ごとに素因子に分解したものをつなげて領域全体の素因子分解が得られるかというと，領域によってそれができるときとできないときがあります．楕円関数を多変数に一般化した Abel 関数が互いに素な整関数の比として表せるかどうかを Weierstrass は問いましたが，Poincaré によるその解は，$\mathbb{C}^n$ 上の整関数の素因子分解に基礎づけられています．

この種の問題を一般の領域上で考えると，**Cousin**[*21] **の問題**と呼ばれるトポロジー的な形の問題になります．主要部を与えて関数を作る問題はこれの特殊な場合ですが，ここで現れるのがコホモロジーです．トポロジーでは方程式の局所解を継ぎ合わせて大域解を作るときの障害に適切な表現を与えて解析しますが，コホモロジーはいわば解析的な連結度を量る指標です．

Cousin の問題には加法的なものと乗法的なものがありますが，加法的なものが任意の正則領域上で解けることや，乗法的なものが一定の位相的条件をみたす正則領域上で解けることは，岡潔の初期の輝かしい業績の一つです（cf. [Oh-2]）．中野予想は加法的な問題を弱 1 完備多様体上で定式化したものの一つです．おおざっぱな言い方をすれば，「コホモロジー群が 0」は「関数を作る問題が解ける」，「コホモロジー群が有限次元」は，それが解けるための条件が有限個の一次方程式でチェックできるという意味で「概ね解ける」ということです．この先に Bergman 核の境界挙動の問題が絡むのですが，次回はそこへと話を進めたいと思います．

▨ 参考文献

[B-Ff-G] Beals, M., Fefferman, C. and Grossman, R., *Strictly pseudoconvex domains in* $\mathbb{C}^n$, Bull. Amer. Math. Soc. (N.S.) **8** (1983), no. 2, 125–322.

[BM-S] Boutet de Monvel, L. and Sjöstrand, J., *Sur la singularité des noyaux de Bergman et de Szegő*, Journées: Equations aux Dérivées Partielles de Rennes 1975, pp. 123–164. Astérisque 34–35.Soc.

[*21] Pierre Cousin（クザン）(1867-1933)

Math. France, Paris, 1976.3

[Ca] Cartan, H., *Variétés analytiques complexes et cohomologie*, Coll. sur les fonct. de plus. var., Bruxelles, 1953, pp. 41–55.

[C-1] Catlin, D. W., *Invariant metrics on pseudoconvex domains*, Several complex variables (Hangzhou, 1981), 7–12, Birkhäuser Boston, Boston, MA, 1984.

[C-2] ——, *Estimates of invariant metrics on pseudoconvex domains of dimension two*, Math. Z. **200** (1989), no. 3, 429–466.

[C-D'A-1] Catlin, D. and D' Angelo, J., *A stabilization theorem for Hermitian forms and applications to holomorphic mappings*, Math. Res. Lett. **3** (1996), no. 2, 149–166.

[C-D'A-2] ——, *Positivity conditions for bihomogeneous polynomials*, Math. Res. Lett. **4** (1997), no. 4, 555–567.

[D'A-1] D' Angelo, J., *A note on the Bergman kernel*, Duke Math. J. **45** (1978), no. 2, 259–265.

[D'A-2] ——, *An explicit computation of the Bergman kernel function*, J. Geom. Anal. **4** (1994), no. 1, 23–34.

[D'A-3] ——, *Inequalities from complex analysis*, Carus Mathematical Monographs, **28**. Mathematical Association of America, Washington, DC, 2002.

[G] Grauert, H., *Selected papers. Vol. I, II.*, With commentary by Y. T. Siu et al. Springer-Verlag, Berlin, 1994. (reprint 2014)

[Hr] 平地健吾　強擬凸領域におけるベルグマン核の不変式論　数学 **52** (4) (2000), 360–375.

[H-U] 広中平祐・卜部東介　解析空間論入門（復刊）　朝倉書店 2011.

[H] Hodge, W.V.D., *The theory and applications of harmonic integrals*, Cambridge University Press, 1941, 2nd ed., 1952, reprinted 1959.

[Hm] Hörmander, L., L^2 *estimates and existence theorems for the* $\bar{\partial}$ *operator*, Acta Math. **113** (1965), 89–152.

[H-S] Hsiao, C-Y. and Savale, N., *Bergman-Szegő, kernel asymptotics in weakly pseudoconvex finite type cases*, J.reine angew. Math. Ahead of Print DOI 10.1515/crelle-2022-0044

[Km] Kamimoto, J., *Newton polyhedra and the Bergman kernel*, Math. Z. **246** (2004), no. 3, 405–440.

[Kas] Kashiwara, M., *Analyse micro-locale du noyau de Bergman*, Sém. Goulaouic-Schwartz, 1976–1977, Expos 6 VIII, 10 pp..

[Kn-1] Kohn, J.J., *Solution of the $\bar{\partial}$ -Neumann problem on strongly pseudo-convex manifolds*, Proc. Nat. Acad. Sci. USA, **47** (1961), 1198–1202.

[Kn-2] ——, *Harmonic integrals on strongly pseudo-convex manifolds, I,* Ann. of Math., **78** (1963), 112–148, II, Ibid.. **79** (1964), 450–472.

[K] 小沼通二（編）　湯川秀樹日記 1945 －京都で記した戦中戦後　京都新聞出版センター 2020.　湯川秀樹著作集　別巻　対談・年譜

[M] Miyajima, K., *CR construction of the flat deformations of normal isolated singularities*, J.Algebraic Geom. **8** (1999), 403–470.

[Oh-1] Ohsawa, T., *Finiteness theorems on weakly 1-complete manifolds*, Publ. Res. Inst. Math. Sci. **15** (1979), 853–870.

[Oh-2] 大沢健夫　大数学者の数学　岡潔　多変数関数論の建設　現代数学社　2014.

[Oh-P] Ohsawa, T. and Pawlaschyk, T., Analytic continuation and q-convexity, Springer Briefs in Mathematics, Springer 2022.

[W] Wells, O. O. Jr., *The Cauchy-Riemann equations and differential geometry*, Proc. of Symp. in Pure Math. **39** (1) (1983), 423–435.

[Y] 湯川秀樹　湯川秀樹著作集　別巻　対談・年譜　2007　岩波書店

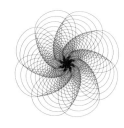

第 **7** 話

1．腑に落ちるということ

　「腑に落ちることが大事」ということを，代数多様体の極小モデル理論で有名な森重文氏が，1990 年にフィールズ賞を受賞された前後であったと思いますがどこかに書かれたことがあります．「腑に落ちる」は否定形の「腑に落ちない」の形で使われる方が多く，事程左様に世界は不合理に満ちているわけなのでしょうが，森さんの言葉には最高レベルの実績に裏付けられた力がこもっており，そのため肯定形で使う機会がもっと増えてもよい言葉だと思うようになりました．

　小平邦彦先生が「数学の不思議」と題して書かれた文章[*1]の中に

　　どうしても自分で証明を丁寧に読んで論証を追跡して見ないと定理がわかった気がしないというのは，証明が単なる論証ではなく，論証以上の何者かが証明の背後に潜んでいるからであろう．

[*1] 数学セミナー，1976 年 11 月号

という味わい深い個所がありますが，この「何者か」を人はそれぞれ腑に落とすのでしょう．

　筆者の場合，Grauert の論文 [G-2] はこの意味で最も腑に落ちたものの一つです．中野予想に惹かれたのはそのためでもありました．よってここを起点として話を進めたいのですが，そのために，背景である Cousin（クザン）の問題について正確に述べておきたいと思います．

2．Cousin の問題と $\bar{\partial}$ 方程式

　独立変数 x と従属変数 y の関数関係が一つの既約多項式 $F(x, y)$ を使って $F(x, y) = 0$ と書けるとき，y は x の代数関数であると言います．簡単な代数関数の積分として対数関数や逆三角関数が表せることから，これらを一般化した楕円積分の研究が進み，Abel は楕円積分を複素化したものの逆関数として楕円関数を導入しました．楕円関数はドーナツ型の曲面であるトーラス上の関数になりますが，1851 年，Riemann は学位論文で一般的な代数関数の定義域として複素平面 $\mathbb{C}$ 上に分岐点付きで何重にも重なった領域を考え，その上の関数論を展開しました．1876 年，Weierstrass は解析接続による一般的な関数概念を持ち込み，関数の定義域は収束べき級数を最大限解析接続して生じる $\mathbb{C}$ 上の領域であるという，Riemann とは異なる基礎づけを与えました．Weyl が述べたように Koebe の一意化定理が Riemann と Weierstrass の考えを統一したわけで，特に 1 次元複素多様体としての Riemann 面は，必ず収束べき級数を最大限解析接続した面か，それに

いくつかの孤立点を付け加えたものとして実現できます．しかしこれは一変数の関数論においてであり，多変数の場合には状況は全く異なります．Riemann は既に2変数の4重周期関数の周期は強い制約を受けることを観察していました．つまり1変数の場合だと任意の虚数 $\tau \in \mathbb{C}\backslash\mathbb{R}$ に対して $\mathbb{C}$ 上の非定数有理型関数 f で

$$f(z+1)=f(z),\ f(z+\tau)=f(z)$$

をみたすものが存在しますが，$\mathbb{C}^2$ 上ですと，例えば

$$\begin{aligned}
F(z,w) &= F(z+1,w)\\
&= F(z,w+1)\\
&= F(z+\sqrt{-2},w+\sqrt{-3}\,)\\
&= F(z+\sqrt{-5},w+\sqrt{-7}\,)
\end{aligned}$$

をみたす有理型関数 F は定数に限ります．この例が端的に示すように，一変数の関数についてはほとんど自明に成立する命題が，多変数ではそのままの形では成り立たないことがあります．Cousin の問題はそのような背景でクローズアップされました．まずこれをなるべく簡単な形で述べてみましょう．

定義1 D を $\mathbb{C}^n$ の領域とし，$\mathcal{U}=\{U_\alpha\}_{\alpha\in A}$ は D の開被覆[*2]とする．関数族 $c=\{c_{\alpha\beta}\in\mathcal{O}(U_\alpha\cap U_\beta)\,;\,\alpha,\beta\in A\}$ が **Cousin 加法データ**であるとは $c_{\alpha\beta}+c_{\beta\gamma}+c_{\gamma\alpha}=0$ が $U_\alpha\cap U_\beta\cap U_\gamma$ 上で成り立つことを言い，c が **Cousin 乗法データ**であるとは $c_{\alpha\beta}$ が零点を持たず，$U_\alpha\cap U_\beta\cap U_\gamma$ 上で $c_{\alpha\beta}c_{\beta\gamma}c_{\gamma\alpha}=1$ が成り立つことを言う．

[*2]　U_α は D の開集合で $\cup_{\alpha\in A}U_\alpha=D$．

定義 2 領域 D が **Cousin 加法型**であるとは任意の Cousin 加法データ $c = \{c_{\alpha\beta}\}$ が $c_{\alpha\beta} = c_\beta - c_\alpha$, $c_\alpha \in \mathcal{O}(U_\alpha)$, $c_\beta \in \mathcal{O}(U_\beta)$ の形に限ることを言う. D が **Cousin 乗法型**であるとは任意の Cousin 乗法データ $c = \{c_{\alpha\beta}\}$ が $c_{\alpha\beta} = c_\beta / c_\alpha$, $c_\alpha \in \mathcal{O}(U_\alpha)$, $c_\alpha^{-1}(0) = \emptyset$, $c_\beta \in \mathcal{O}(U_\beta)$, $c_\beta^{-1}(0) = \emptyset$ の形に限ることを言う.

Cousin [C] は次を示しました.

定 理 1 $\mathbb{C}$ 内 の 領 域 D_j $(j = 1, 2, \cdots, n)$ に 対 し $D_1 \times D_2 \times \cdots \times D_n$ は Cousin 加法型であり, 高々 1 個を除いて D_j が単連結ならば $D_1 \times D_2 \times \cdots \times D_n$ は Cousin 乗法型である.

系 $\mathbb{C}^n$ 上の有理型関数 f に対し $g, h \in \mathcal{O}(\mathbb{C}^n)$ が存在して, $\mathbb{C}^n$ のどの点でもこれらの Taylor 級数は共通の素因子を持たず, かつ $\mathbb{C}^n$ 上で $f = \dfrac{g}{h}$ が成立する.

D の $\mathbb{Z}$ 係数の 2 次コホモロジー群 $H^2(D, \mathbb{Z})$ が 0 であれば, 対数を取って Cousin 乗法データを Cousin 加法データに直せます[*3]. 上の位相的条件の意味はこういうことです. $D_1 \times D_2 \times \cdots \times D_n$ が Cousin 加法型であることの証明は Cauchy の積分公式によりますが, 問題を言い換えて $\bar{\partial}$ 方程式を解く形にすると L^2 評価式の方法が使え, 様々な一般化がで

[*3] 詳しくは [Kb] などを参照.

きます.

$c = \{c_{\alpha\beta}\}$ から $\bar{\partial}$ 方程式を作るには，C^∞ 級関数系 $u_\alpha : U_\alpha \to \mathbb{C}$ を取って $U_\alpha \cap U_\beta$ 上で $u_\beta - u_\alpha = c_{\alpha\beta}$ が成り立つようにし[*4]，$v = \bar{\partial} u_\alpha$ とおけば，Cauchy-Riemann 方程式 $\bar{\partial} c_{\alpha\beta} = 0$ がみたされることから v は D 上の $(0,1)$ 型微分形式で $\bar{\partial} v = 0$ をみたします．D 上で方程式 $\bar{\partial} u = v$ をみたす C^∞ 級の関数 u があれば $c_\alpha = u_\alpha - u$ とおいて $c_{\alpha\beta} = c_\beta - c_\alpha$, $c_\alpha \in \mathcal{O}(U_\alpha)$ の解が得られます．

この言い換えの利点は，微分作用素である $\bar{\partial}$ の超関数の意味での作用を 2 乗可積分性の条件をみたす微分形式の集合に限り，適切な完備化のプロセスを経て問題を Hilbert 空間 H_1, H_2 間の作用素 $T : H_1 \to H_2$ の全射性に置き換えた後，それをさらに随伴作用素 $T^* : H_2 \to H_1$ の単射性に直せることです．つまり，もし作用素 T^* が不等式

$$\|w\| \leq \|T^* w\| \tag{1}$$

をみたせば T^* は単射であり $(T^*)^* = T$ なので T は全射であるというロジックに乗せることができるという点です．おおざっぱにはこれが L^2 評価の方法です．Cousin 加法データが正則関数系 $f_\alpha \in \mathcal{O}(U_\alpha)$ によって $c_{\alpha\beta} = f_\beta - f_\alpha$ と書けている場合でも，上の v の L^2 ノルムが何らかの理由で制御可能な場合には方程式 $\bar{\partial} u = v$ の解 u の L^2 ノルムも抑えられ，その結果 $f_\alpha - c_\alpha$ は U_α 上で f_α に「近い」D 上の関数となります．Bergman が望んだ大域的な座標がないときでも，一定の特異性を持つ局所的なデータから大域的な対象である Bergman 核

[*4] ここでは「1 の分解」というテクニックを用いる．詳しくは [Kb] を参照.

についての情報が引き出せるのはこの理由によるのです. つまり, 擬凸領域 D がある境界点の近くで開球でよく近似できれば, その上の Bergman 核を D 上の C^∞ 級関数で近似しておいてから, 正則でない部分を $\bar{\partial}$ 方程式を L^2 評価付きで解くことにより修正して D 上の Bergman 核に近いものが作れるというわけです. Hörmander が Bergman のオフィスからの帰り道で発見したのはこのことでした. この「$\bar{\partial}$ 修正法」は強力で, Weierstrass の多項式近似定理を拡張した Carleman の近似定理「任意の連続関数 $f : \mathbb{R} \to \mathbb{C}$, $\epsilon : \mathbb{R} \to (0, \infty)$ に対し, $F \in \mathcal{O}(\mathbb{C})$ が存在して $|f(z) - F(z)| < \epsilon(z)$ $(z \in \mathbb{C})$ となる.」の多変数版が簡単に証明できたりします[*5].

そこで都合のよい不等式 (1) が成り立つのはどのような時かという話ですが, 小平の消滅定理を原型にした多くの結果があり, いずれも $\bar{\partial}$ 方程式の可解性条件を曲率によって述べた形になっています. ただし曲率はここでは「正則直線束の曲がり具合」で, Levi 形式を一般化した形のものです. 以下では曲率条件から $\bar{\partial}$ 方程式の可解性が従う仕組みの大要を, 詳しい計算抜きで説明してみましょう.

3. 直線束の曲率とコホモロジーの消滅

小林昭七先生が 30 年前くらいに言っておられたことですが, そのさらに 30 年くらい前には, 学会の講演でも曲率形式の定義から始めないといけなかったそうです. Cousin の問題

[*5] [S] などを参照.

を $\bar{\partial}$ 方程式の一般論の中で定式化して可解性の条件を曲率を使って表現することは，元はと言えば Riemann の仕事の中で芽生えていたアイディアですが，小平の仕事を経て[*6] Wells や小林のテキストの形で広まりました．詳しくは以下の通りです．

定義3 複素多様体 B と全射正則写像 $\pi: B \to M$ が次の性質を持つとき，B は（π に関して）M 上の**正則直線束**であるという．M の開被覆 $\{U_\alpha\}_{\alpha \in A}$ と双正則写像 $\varphi_\alpha: \pi^{-1}(U_\alpha) \to U_\alpha \times \mathbb{C}$ で $\pi \circ \varphi_\alpha = pr_{U_\alpha}$（$pr_{U_\alpha}$ は U_α 成分への射影）をみたすものが存在して，各 $\varphi_\alpha(\pi^{-1}(U_\alpha \cap U_\beta))$ 上では

$$\varphi_\beta \circ \varphi_\alpha^{-1}(z, \zeta) = (z, e_{\beta\alpha}(z)\zeta)$$
$$e_{\beta\alpha} \in \mathcal{O}(U_\alpha \cap U_\beta)$$

となる．

つまり，$\mathbb{C}$ の一次元ベクトル空間としての正則族を複素多様体 M 上に考えたものを正則直線束と言います．簡単のため，以下では正則直線束を単に**直線束**と呼びます．$\pi^{-1}(x)$ を B の**ファイバー**と呼び B_x で表します．$\{e_{\alpha\beta}\}_{\alpha, \beta}$ を B の**遷移関数系**と言います．遷移関数系は $U_\alpha \cap U_\beta \cap U_\gamma$ 上で $e_{\alpha\beta}e_{\beta\gamma} = e_{\alpha\gamma}$ をみたします．定義より直線束は局所的には直積ですが，全体としては一定の捩れを持っており，それを点ご

[*6] より正確には，Hilbert, Weyl, Hodge, 岡, Cartan, Dolbeault, Bochner, 小平, 中野, Chern, Weil らの寄与を経て

とに現しているのが曲率形式です．曲率形式を定義するため
にはファイバー計量と Chern 接続が必要です．

定義 4　U_α 上の C^∞ 級の正値関数 h_α が $U_\alpha \cap U_\beta$ 上で
$h_\alpha = |e_{\beta\alpha}|^2 h_\beta$ をみたすとき，関数系 $\{h_\alpha\}$ を直線束 B の
ファイバー計量と言う．

　微分形式の基礎事項については［Kr］などを参照していた
だきたいのですが，Chern 接続の定義に必要になるのは B 値
微分形式の集合

$$C^{p,q}(M, B) := \left\{ \{u_\alpha = \sum_{|I|=p, |J|=q} u_{\alpha, I\bar{J}} dz_I \wedge d\bar{z}_j\}_\alpha \right.;$$

$$\left. u_{\alpha, I\bar{J}} \in C^\infty(U_\alpha),\ U_\alpha \cap U_\beta \text{ 上で } u_\alpha = e_{\alpha\beta} u_\beta \right\}$$

です[*7]．$z = (z_1, \cdots, z_n)$ はここでは M の局所座標を表し，
$I = (i_1, \cdots, i_p)$ に対し $dz_I = dz_{i_1} \wedge \cdots \wedge dz_{i_p}$ とおきます．

[*7]　$C^\infty(U_\alpha)$ で U_α 上の複素数値 C^∞ 関数の集合を表す．

> **定義5** 直線束 $B \to M$ とファイバー計量 $h := \{h_\alpha\}$ に対し，$C^{p,q}(M,B)$ から $C^{p+1,q}(M,B) + C^{p,q+1}(M,B)$ への作用素 $D_h := d + \partial \log h_\alpha$ を **Chern 接続** という．ただし $d = \partial + \bar{\partial}$ は外微分作用素で，$\partial \log h_\alpha$ は微分形式に $(1,0)$ 形式 $\partial \log h_\alpha$ を左から外積により掛ける作用素 $u \longmapsto \partial \log h_\alpha \wedge u$ を表す．

局所的に $-\log h_\alpha$ の Levi 形式をとると，$h_\alpha = |e_{\beta\alpha}|^2 h_\beta$ から M 全体で定義された $(1,1)$ 形式が定まります．これを h の**曲率形式**と呼び Θ_h で表します．関係式 $\partial^2 = 0, \bar{\partial}^2 = 0$, $\partial\bar{\partial} + \bar{\partial}\partial = 0$ より，曲率形式は作用素 D_h^2 と

$$D_h^2 u = \Theta_h \wedge u$$

により同一視できます．M の部分集合 U の各点で Θ_h が正定値であるとき，（ファイバー計量つきの）直線束 B は U **上で正**であると言います．

偏微分の作用が微分する順序によらないことから $\bar{\partial}^2 = 0$ なので，$\bar{\partial} : C^{p,q}(M,B) \to C^{p,q+1}(M,B)$ の核 $\mathrm{Ker}\,\bar{\partial}$ は $\bar{\partial} : C^{p,q-1}(M,B) \to C^{p,q}(M,B)$ の像 $\mathrm{Im}\,\bar{\partial}$ を含みます．ベクトル空間としての商空間 $\mathrm{Ker}\,\bar{\partial}/\mathrm{Im}\,\bar{\partial}$ を **M の B 値 (p,q) 型コホモロジー群**と言い $H^{p,q}(M,B)$ で表します．

どんな時に $H^{p,q}(M,B) = 0$ が成り立つか，すなわちどんな直線束に対して $\bar{\partial}$ 方程式 $\bar{\partial}u = v$（ただし $\bar{\partial}v = 0$）が解けるかは，複素多様体論と多変数関数論の基本的な問題ですが，$H^{p,q}(M,B)$ を L^2 評価式の方法で解析することにより，一般性においても精密性においても定理1をはるかに上回

る結果が得られます. これは M がコンパクトな場合に小平 [K] が, 1 完備な場合に Grauert [G-2] が, 1 擬凸な場合には Grauert と O.Riemenschneider [G-R] が, q 擬凸な場合には Andreotti-Vesentini [A-V-1,2,3], Kohn [Kn-1,2], Hörmander [Hm-1,2] が実行したことでしたが, これらを弱 1 完備多様体上で統一的な視点から見直したのが中野理論でした. 次の結果は小平消滅定理の非コンパクトな多様体への自然な拡張です.

定理 2　（cf.[N]）n 次元弱 1 完備多様体 M 上の正直線束 B に対し, $p+q>n$ ならば $H^{p,q}(M,B)=0$.

　この形の消滅定理は, もともとは代数多様体の超平面による切断面のトポロジーという具体的な問題の研究から来たものです[*8].

　さて, 一般的に言って方程式が解けない場合にはその「解けなさ加減」が意味のある問題になります. この場合には, B が M 全体で正でなくても「おおむね正」であれば $H^{p,q}(M,B)$ は有限次元になるのではないかというのが中野予想で, 計算の見通しが立ちそうな $p=n$ の場合にこれを示せというのが課題でした.

　これに [Hm-1] の方法が応用でき, 次の定理が得られました.

[*8] 最初 M がコンパクトなときに [A-N] で示された.

定理 3　M を n 次元弱 1 完備多様体，$\pi:B\to M$ をコンパクト集合の外で正の直線束，$\varphi:M\to\mathbb{R}$ を多重劣調和な C^∞ 級の皆既関数とし，$M_c=\{x;\varphi(x)<c\}$ とおく．このとき $M_c\supset K$ ならば，$q\geqq 1$ のとき制限写像により導かれる準同型 $H^{n,q}(M,B)\to H^{n,q}(M_c,B)$ [*9] は全単射であり，$\dim H^{n,q}(M,B)<\infty$ である．さらにこのとき $H^{n,0}(M,B)\to H^{n,0}(M_c,B)$ の像は稠密である．

中野先生が 1981 年に杭州の研究集会で紹介して下さったのはこの結果です．したがって，D'Angelo 氏の杭州の記憶の中に定理 3 と関連するものが存在することは確かです．筆者はこれに続けて［Oh-3］で次の結果を得ました．

定理 4　M, B, φ, K, $M_c\supset K$ を定理 3 と同様とすれば $p+q>n$ のとき制限準同型 $\rho_c^{p,q}:H^{p,q}(M,B)\to H^{p,q}(M_c,B)$ は全単射であり $\dim H^{p,q}(M,B)<\infty$ である．さらに $p+q=n$ のとき $\rho_c^{p,q}$ の像は稠密である．

これを高校時代に同級だったトポロジストの大川哲介君（1951-2014）に見せたところ「明快である」と言って褒めてくれたので少し安心しました．その後の展開についてはここでは触れませんが，定理 4 が第 2 話第 3 節で言及した Dolbeault の同型定理により定理 2 と Grauert の次の結果をつないでいることだけは注意しておきたいと思います．

[*9] $H^{n,q}(M_c,B)$ は厳密には $H^{n,q}(M_c,\pi^{-1}(M_c))$ だが簡単化してこう書く．

> **定理 5** （cf. [G-2]）1 擬凸な複素多様体 M 上の任意の解析的連接層 $\mathcal{F} \to M$ に対し q 次コホモロジー群 $H^q(M, \mathcal{F})$ は $q \geqq 1$ のとき有限次元である．皆既関数 $\varphi : M \to \mathbb{R}$ が $M \backslash M_c$ 上 1 擬凸なら，制限準同型 $H^q(M, \mathcal{F}) \to H^q(M_c, \mathcal{F})$ は $q \geqq 1$ のとき全単射であり $q = 0$ のとき稠密な像を持つ．

定理 5 に基づいて示された次の結果は基本的です．

I. 複素多様体 M 上に 1 擬凸な皆既関数が存在すれば（つまり M が 1 完備なら），M は正則凸であり，かつ任意の 2 点が正則関数によって分離される．

I の逆命題はすでに Grauert の学位論文 [G-1] に含まれています．[G-2] では I の応用として次も示されました．

II. 可算基を持つ m 次元実解析的多様体は，$\mathbb{R}^{2m+1}$ に実解析的写像で埋め込める．

I は岡潔が $\mathbb{C}^n$ 上の領域に対して示した結果の一般化であり，たいへん強いインパクトがありました．1960 年に出版され 2016 年に復刊された一松先生のテキスト [H] は, Math. Review（mathscinet）で [G-2] の紹介記事を書かれた後で執筆されたものです．この本では多変数関数論の Hartogs 以来の展開が岡理論を中心にまとめられていますが，最終章ではこの Grauert 理論が解説されています．付録には多変数関数論の歴史とともに，一松先生が Münster 大学に滞在中に撮影

した若き日の Grauert の写真が載っています.

II は C.B.Morrey がコンパクト多様体の場合に示した結果を一般化したものですが, これに関連して, 与えられた Riemann 多様体の接ベクトル束上に複素構造を構成する問題が提起され (cf.[L-S]), その種の多様体は Grauert チューブと呼ばれるようになりました. 最近はその上の Bergman 核についての結果が得られています (cf.[A-1,2]).

4. Grauert の完備計量と L^2 評価

さて L^2 評価式 (1) を実際に導く方法についてですが, これは多様体 M 上の計量 g と直線束 B のファイバー計量 h で定まる内積に関してベクトル空間

$$C_0^{p,q}(M,B) := \{u \in C^{p,q}(M,B) ; \operatorname{supp} u はコンパクト\}$$

上で $\bar{\partial} = T$ に対して第 2 節で述べた $\|T^*u\|$ の計算を実行します[*10]. $C_0^{p,q}(M,B)$ を完備化してできる Hilbert 空間上では, g が完備な計量であればそこから基本的な不等式が得られ, $\bar{\partial}^*$ の単射性の双対として $\bar{\partial}$ - 方程式の可解性が従います. $\mathbb{C}^n$ の領域上で微積分の式変形をする場合, 内積が Euclid 計量に関するものでないと部分積分の計算がその分込み入ってきますが, その場合にも結果として Euclid 計量の場合と同様な関係式が得られることを保証するのが Kähler 性の条件です. つまり多くの場合, g が完備な Kähler 計量であるときには短い計

[*10] $\|T^*u\|^2 = (T^*u, T^*u) = (TT^*u, u)$ より TT^* の計算になるが, 対称性を利用した $\partial\bar{\partial}^* + \bar{\partial}\partial^*$ の計算 (中野の公式) が役立つ.

算で (1) が得られます[*11].

M 上に 1 擬凸な皆既関数 φ があれば $\partial\bar{\partial}e^\varphi$ が完備な Kähler 計量であることは [G-1] で指摘され，逆に完備な Kähler 計量を持つ領域は擬凸かが問題になりましたがこれは成立しません．例えば $\mathbb{C}^n\setminus\{0\}$ は $n\geqq 2$ のとき擬凸ではありませんが

$$\sum_{j=1}^{n} dz_j d\bar{z}_j + \partial\bar{\partial}\,\chi\left(\log\left(\frac{1}{\|z\|}\right)\right)$$

という形の完備な Kähler 計量を持ちます．ただし χ は $\mathbb{R}$ 上の C^∞ 級関数で $t>e$ のとき $\chi(t)=-\log t$ であり $\mathbb{R}$ 全体で $\chi'<0$ かつ $\chi''\geqq 0$ をみたすものとします．これを踏まえて，[G-1] では次が示されました．

定理6　M 内の領域 D の境界が C^ω 級の実超曲面であり，かつ D が完備な Kähler 計量を持てば，D は Levi 擬凸である．

[G-1] は Grauert がチューリッヒ滞在中に着想を得た学位論文で，Remmert [R] によれば高名な Heiz Hopf を驚かせ，これが発表された研究集会では Grauert の門出を祝う宴が催されたそうです．しかし定理3の証明のため L^2 評価式の方法が骨の髄までしみ込んでいた筆者は，定理6を見た瞬間その証明を読む必要はないと思いました．いわば「L^2 評価でこれを腑に落とそう」と思い，そして何とかそのような別証を見つけて [Oh-2] が書けました．そこで用いたのは，D の超平

[*11] 詳しくは [Dm] や [Oh-4] などを参照.

面 $H = \{z_n = 0\}$ による断面 $D' = D \cap H$ を考え，D' 上の一定の増大度条件をみたす正則関数を D 上に正則に拡げるという方法でした．D の擬凸性を仮定しないため [Hm-1,2] の結果が使えない状況だったので，いわばその場しのぎのやり方になりました．しかし，この方法を洗練する過程で Bergman 核の境界挙動の問題に興味をそそられるようになったのです．つまり筆者の Bergman 核研究は [G-1] に後押しされた形で始まったのですが，次回はそれが竹腰見昭氏との共著論文 [Oh-T] へとどうつながって行ったのかについて述べたいと思います．

参考文献

[A-1] Adachi,M., *On weighted Bergman spaces of a domain with Levi-flat boundary*, Trans.AMS **374** (2021), No.10, 7499-7524.

[A-2] ——, *On weighted Bergman spaces of a domain with Levi-flat boundary II*, Complex Anal. Synerg. **8** (2022), Paper No.9, 9pp.

[A-N] Akizuki, Y. and Nakano, S., *Note on Kodaira-Spencer's proof of Lefschetz theorems*, Proc. Japan Acad. **30**, (1954). 266-272.

[A-V-1] Andreotti, A. and Vesentini, E., *Sopra un teorema di Kodaira*, Ann. Scuola Norm. Sup. Pisa **15** (1961), 283-309.

[A-V-2] ——, *Les théorèmes fondamentaux de la théorie des espaces holomorphiquement complets*, 1963 Topologie et géométrie différentielle (Séminaire C. Ehresmann), Vol. IV (1962-63), Cahier 1 31 pp. Institut H. Poincaré, Paris.

[A-V-3] ——, *Carleman estimates for the Laplace-Beltrami equations on complex manifolds*, Publ. Math. Inst. Hautes Etudes Sci., **25** (1965), 81-130.

[C] Cousin, P., *Sur les fonctions de n variables complexes*, Acta Math. **19** (1895), 1-62.

[Dm] Demailly, J.-P. *Analytic methods in algebraic geometry*, Surveys of

Modern Mathematics,1. International Press, Somerville, MA; Higher Education Press, Beijing, 2012. viii+231 pp.

[G-1] Grauert, H., *Charakterisierung der Holomorphiegebiete durch die vollständige Kählersche Metrik*, Math. Ann. **131** (1956), 38-75.

[G-2] ——, *On Levi's problem and the imbedding of real-analytic manifolds*, Ann. of Math. **68** (1958), 460-472.

[G-R] Grauert, H. and Riemenschneider, O., *Verschwindungssätze für analytische Kohomologiegruppen auf komplexen Räumen*, Invent. Math. **11** (1970), 263-292.

[H] 一松 信　多変数解析函数論（復刻版）　培風館　2016, 296 pp.

[Hm-1] Hörmander, L., *L^2 estimates and existence theorems for the $\bar{\partial}$ operator*, Acta Math. **113** (1965), 89-152.

[Hm-2] ——, *An introduction to complex analysis in several variables*, D. Van Nostrand Co., Inc., Princeton, N.J.-Toronto, Ont.-London 1966 x+208 pp.

[Kb] 小林昭七　複素幾何　岩波書店　2005　326 pp.

[Kn-1] Kohn, J.J., *Solution of the $\bar{\partial}$-Neumann problem on strongly pseudo-convex manifolds*, Proc. Nat. Acad. Sci. USA, **47** (1961), 1198-1202.

[Kn-2] ——, *Harmonic integrals on strongly pseudo-convex manifolds, I*, Ann. of Math.,**78** (1963), 112-148, II, Ibid.. **79** (1964), 450-472.

[Kr] 栗田稔　微分形式とその応用 -- 曲線・曲面・解析力学まで　現代数学社　2019（新装版）

[L-S] Lempert,L.and Szőke,R.,*Global solutions of the homogeneous complex Monge-Ampère equation and complex structures on the tangent bundle of Riemannian manifolds*, Math.Ann.**290** (1991), 689-712.

[N] Nakano, S., *Vanishing theorems for weakly 1-complete manifolds, II*, Publ. RIMS, Kyoto Univ. **10** (1974), 101-110.

[Oh-1] Ohsawa, T., *Finiteness theorems on weakly 1-complete manifolds*, Publ. Res. Inst. Math. Sci. **15** (1979), 853-870.

[Oh-2] ——, *On complete Kähler domains with C^1-boundary*, Publ. Res. Inst. Math. Sci. **16** (1980), no. 3, 929-940.

[Oh-3] ——, *On $H^{p,q}(X, B)$ of weakly 1-complete manifolds*, Publ. Res.

Inst. Math. Sci. **17** (1981), 113-126.

[Oh-4] ——, *L² approaches in several complex variables. Towards the Oka-Cartan theory with precise bounds*, Second edition of [MR 3443603]. Springer Monographs in Mathematics. Springer, Tokyo, 2018. xi+258 pp.

[Oh-T] Ohsawa, T. and Takegoshi, K., *On the extension of L² holomorphic functions*, Math. Z. **195** (1987), no. 2, 197-204.

[R] Remmert, R., *Complex analysis in the golden fifties*, Complex analysis (Wuppertal, 1991), 258-263, Aspects Math., E17, Friedr. Vieweg, Braunschweig, 1991.

[S] Sakai, A., *Uniform approximation by entire functions of several complex variables*, Osaka Math. J. **19** (1982), no. 3, 571-575.

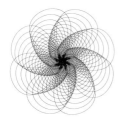

第 **8** 話

1. 鹿ヶ谷の夢

　古典文学の傑作である「更級日記」の中で，娘時代の作者が父親の代筆という些細な用事の合間に思い描くのは，「光源氏のように高貴で美しい人が年に一度くらいは尋ねてくれ，普段は山里で四季折々の風物を愛で，時々立派な文章で書かれた手紙が届くのを心待ちにする生活」ですが，これは 1975 年の夏に大学院の入試を何とかクリアできた筆者が，秋の学会で初めて Louis Nirenberg [*1] の講演を聴いた時にあこがれの気持ちと共に期待したことと通ずるものがあるように思います．その講演は総合講演で，会場は東大教養学部の大教室でした [*2]．1992 年にプリンストン大学で再度 Nirenberg の講演を聴いたとき，途中で 17 年前の感動がよみがえる瞬間がありました．

　更級日記の作者は自分の理想通りの生活ができたわけではありませんが，現代文学にも影響を与えた作品を残していま

[*1] 1925–2020. 偏微分方程式論において傑出した業績を残した．複素多様体論では Newlander-Nirenberg の定理で最も有名であろう．

[*2] 三島由紀夫と東大全共闘の討論会が数年前にここで行われていた．

す[*3]. 筆者の場合，そのころの日記に「一瞬でもよいから世界をリードする結果を目指す」と書いた計画[*4]は実現しませんでしたが，少なくとも Bergman 核の研究を通じて「最先端の展開を支える基礎定理」を示すことはできたと思います.

1977 年に修士論文が書けるまでの紆余曲折もありますが，Bergman 核の本質にかかわるのは翌年の秋を過ぎたころの展開で，それは京大数理研の助手時代，大学と鹿ヶ谷の小部屋を往復しながら夢想したことの先にありました. 今回はそこから話を始めたいと思います.

2. 完備 Kähler 多様体上の L^2 理論

弱 1 完備多様体上のコホモロジー有限性定理というものが筆者の修論 [Oh-1][*5]でした. 最近になってこれの続きをやっていますが，当時は L^2 評価の方法を弱 1 完備でないものへと拡げることをメインに考えていました. そのために Grauert の学位論文にヒントを得て完備な Kähler 多様体上で L^2 理論を展開しようと目論んでいました. 完備 Kähler 多様体上で当時知られていた消滅定理[*6]は小平消滅定理とほとんど変わらないもので，それを使って有理型関数を作れはするものの，擬凸性の仮定なしには正則関数を作れないというも

[*3] 三島由紀夫の「豊饒の海」は菅原孝標女作と言われる「浜松中納言物語」にヒントを得た.

[*4] 今なら「トップランナーになる」と言う所か.

[*5] 拙稿『弱 1 完備多様体について』 http://hdl.handle.net/2433/201929 も参照.

[*6] cf. [A-V-1, 2]

のでした．擬凸でない領域上でやたらに正則関数が作れれば複素解析の土台が崩れてしまいますからこれは当然と言えば当然ですが，滑らかな境界を持つ完備 Kähler 領域上でこのようなことができても矛盾はないことを，Grauert の結果は示唆しています．一方，曲率が一定の条件をみたす完備 Kähler 多様体については微分幾何的な研究が進んでいて，Y.-T.Siu[*7]（蕭蔭堂）と S.-T.Yau[*8]（丘成桐）の論文 [S-Y] が中野セミナーで読まれました．これは $\mathbb{C}^n$ を断面曲率が負の多様体の中で特徴づけようとするもので，多様体の曲率条件から 1 擬凸な皆既関数を作り，それを負荷関数とする L^2 評価法で作った関数で $\mathbb{C}^n$ への双正則写像を与えようという，見事な構想に基づくものです．やや話が戻りますが，Siu は 1975 年 12 月から半年間，数理研に滞在して [S-Y] についても講演しました．その時 "In order to convince you" と言って Siu が書いたカットオフ関数[*9]のグラフは空前絶後の長さでした．

　ここで用いられた L^2 理論は Andreotti-Vesentini 流で，完備な計量を持つ多様体上では微分形式を台がコンパクトなもので微係数こみで近似できることに基礎づけられています．そのときに使うカットオフ関数については式の形だけで納得してしまっていましたが，なるほど黒板でそんな説明もできるのだと感心しました．ちなみに同日，柏原さんが Bergman 核について講演し，Siu も熱心に聴講していました．[S-Y] の詳細を論文が出てからセミナーで輪読したのは，筆者が修論

[*7]　Yum Tong Siu (1943–)

[*8]　Shing Tung Yau (1949–)

[*9]　与えられたコンパクト集合上で 1 で台がコンパクトな C^∞ 級関数.

を書いた後，鹿ヶ谷に移ってからになりました．修論を書い
たのは三宅八幡という電車の駅から比叡山の麓を少し上った，
気温が市内より数度低い場所でした．冬には水道管が凍るこ
ともありました．ここではオーストラリアからの留学生[10] と
家賃を折半して住んでいて，毎週土曜の深夜番組を観ながら
馬鹿話をするなどして楽しかったのですが，互いに論文の英
語と日本語の直し合いをしていたころ，相手は以前牛に移さ
れた結核が出たとかで帰国し，筆者は家賃の節約のため，吉
田山の東にある錦林車庫の近くに引っ越しました．そこは会
社の倉庫の 2 階が 3 畳と 6 畳の和室になっていて，道路の反
対側の窓からは近所の家々の屋根が見えました．付近には深
夜営業のラーメン店や午前 11 時までモーニングサービスを
出してくれる喫茶店などがあり，一人暮らしには便利なとこ
ろでした．ここには 1 年とちょっとしかいなかったのですが，
よほど居心地がよかったらしく，後から何度もここに戻った
夢を見ました．

　鹿ヶ谷のアパートでは二階の窓際の文机の前で寝起きし，
隣の部屋に本棚や電気器具などを置いて暮らしていました．
テレビドラマ[11] を見ることもありましたが，そのころ人気の
バラエティー番組[12] で見たタモリ氏の独創的な芸風にはた
いへん感心しました．広島大の助手であった大川君が研究集
会のついでに一泊していってくれたのは懐かしい思い出です．

---

[10]　Bruce Hatfield. 京大大学院で政治学を専攻．後に台湾で弁護士になった．

[11]　「権力と陰謀・大統領の密室」など

[12]　金曜 10 時！うわさのチャンネル!!：「4 の字固め」で有名だったプロレスラー
が好きでよく見ていた．

それが夏だったことは写真[*13]で分かります．この5年くらい前に大川君の下宿を訪れたとき，机の上に数十冊の研究ノートが整然と並んでいるのを見て驚いたことがあります．代数的トポロジーが専門でしたが，佐藤超関数については筆者よりずっと詳しく知っていました．秋の学会の時，会場の最寄りの神田駅で大川君に出会った時に［Oh-3］の報告をしました．幸い軽くほめてもらえたので，早速別の問題に挑戦し始めました．冬に向かう頃，窓際の万年床に寝転んだ拍子に一つの発見がありました．その時ふと気付いた L^2 評価式を元にして電動タイプで打った論文が［Oh-2］です．隣家の屋根を猫が行き来していました．修士論文で中野予想が解けたときはホッとしましたが，この時はどうしても喜びをすぐ誰かに伝えたく，数学とは何の関係もない中学時代の同級生[*14]を呼び出して自慢したりしました．主結果は次の定理です．

定理 1　$\mathbb{C}^n$ 内の領域で C^1 級の境界を持つものに対し，擬凸性と完備 Kähler 性は同値である．

　結果自体は Grauert の定理における C^ω 級を C^1 級にしただけですが，証明方法は全然違います．1979年7月，熊本県南阿蘇で開かれた多変数関数論サマーセミナーでその概略を話した時，一松先生は「（その方法には）もっと応用がありそうですね」とおっしゃってくれ，Ahlfors の本［Ah］や

[*13]　cf. ［M-Oh］

[*14]　田中大也（たなかひろや）整形外科医．大学は違ったが，誘われてモグリで哲学の授業に出席してプラトンの洞窟の比喩を聞きかじったりした．

Hörmander のテキスト［Hm-2］の名訳で知られる笠原乾吉先生にも面白い話だったと褒めてもらえました．このお二人にはポイントがすぐ伝わったようでしたが，「Hörmander とどう違うんだ」という拒否反応もありました．秋の学会では幾何学分科会の一般講演でこれを発表しました．その時は次の結果にもふれました．

定理 2 X はコンパクトな Kähler 多様体，Y はコンパクトな解析空間とし，$f : X \to Y$ は正則かつプロパーな全射とする．このとき Y 上に正直線束 B があれば，X の標準層 ω_X の順像 $f_* \omega_X$ に対して $q \geqq 1$ のとき $H^q(Y, f_* \omega_X \otimes B) = 0$ となる．

これは新しい L^2 評価式の応用で，［Oh-2］をタイプし終わった数日後，数理研から喫茶店[*15]に寄り鹿ヶ谷通りに沿ってアパートへ帰る途中に気が付いたことでした．そこでこの結果も加えて論文を書き直そうかと迷っているうち，中野先生から「この間の話は面白いからさっさと投稿してはどうか」と勧められたので原稿はそのまま投稿しました．定理 2 は［Oh-5］に入っています．

定理 2 は小平の消滅定理を拡張した形になっていますが，その本質は完備 Kähler 多様体上の $L^2 \bar{\partial}$ コホモロジー群に対する消滅定理であり，$\bar{\partial}$ 方程式 $\bar{\partial} u = v$ の話としては［A-V-1,2］

[*15] 店の名前が「アマービレ」（amabile：（音楽）愛らしく）だったことを覚えている．

における v に対する可積分性の条件を緩和して使いやすくしています.

　小平消滅定理は同時期に代数幾何の人たちが別の形の改良版を得ていて[16]，定理 2 は $\dim Y = 1$ のときなら Hodge 構造の変形論をふまえた藤田隆夫氏の結果[17]からも出ます. L^2 評価で何か代数幾何への応用でも出せればよかったのですが，定理 2 の段階ではまだ突っ込み不足であろうと思われました. 実際この方法の伸びしろはまだあり，定理 1 が Bergman 核の境界挙動の研究へとつながった後，定理 2 は Bergman 核のパラメータ依存性と密接に関係することが判明しました. 後者は今世紀に入ってからのことですので，まず Bergman 核の境界挙動の話へと進みましょう.

3. L^2 拡張定理

　$\mathbb{C}^n$ 内の有界擬凸領域 D 上の Bergman 核 $K(z, w)$ と境界距離 $\delta(z) = \inf_{w \in D} \|z - w\|$ に対し，Bergman が [B] で主張したのは「∂D が C^2 級であれば，$n = 2$ のときは $K(z, z)$ は**一般に** $\delta(z)^{-2}$ または $\delta(z)^{-3}$ のオーダーで発散する.」ということで，これを読んだ岡潔は「一般にとは何事だ. 特殊な場合にしかできていないではないか.」とダメ出しをしたのでした. その一部は強擬凸領域上の定理として Hörmander [Hm-1] によって確立されたのでよいとして，残りは「滑らかな境界を持つ一般の有界擬凸領域 D について $K(z, z) \geqq c\delta(z)^{-2}$ （c は D に依

---

[16] 川又・Viehweg の消滅定理（cf. [Km]，[V]）.

[17] cf. [F].

存するが z にはよらない正の定数）が成り立つ.」と読めます.
これが正しいことは，[Oh-T] で示された次の定理から容易に
わかります.

定理 3 [18]　D を $\mathbb{C}^n$ の有界擬凸領域とし，　$D' = D \cap \{z_n = 0\}$
とおく．このとき D の直径のみに依存する定数 C が存在
し，D 上の任意の多重劣調和関数 φ および $\int_{D'} e^{-\varphi} |f|^2 < \infty$ を
みたす $f \in \mathcal{O}(D')$ に対し，$\mathcal{O}(D)$ の元 F で $F|_{D'} = f$ かつ
$\int_D e^{-\varphi} |F|^2 \leq C \int_{D'} e^{-\varphi} |f|^2$ をみたすものが存在する.

ただし領域 D 上の**多重劣調和関数** [19] とは，上半連続な関
数 $\varphi : D \to [-\infty, \infty)$ で局所的に 1 擬凸な関数の減少列の極限
になっているものを言います [20]．以下では D 上の多重劣調和
関数の集合を $PSH(D)$ で表します [21]．

定理 3 の証明は次の一般的な形で行いました.

---

[18]　これが表題の L^2 拡張定理である．「大沢・竹腰の定理」と呼ばれることが
多かったが，最近は改良型である「大沢・竹腰型の定理」が多数出現した．こ
れらをまとめて「L^2 拡張定理」と呼ぶのがよいだろう.

[19]　多変数関数論において最も重要な概念の一つ．1942 年に岡潔と Pierre
Lelong が互いに独立に導入した．複素多様体上でも同様に定義される.

[20]　例えば $PSH(\mathbb{C}^n) \ni \log\|z\|^2 = \lim_{\epsilon \searrow 0} \log(\|z\|^2 + \epsilon)$.

[21]　PSH は plurisubharmonic の略.

定理4　X を n 次元の Stein 多様体，$\varphi \in PSH(X)$，$s \in$ $\mathcal{O}(X)$ とし，$Y = s^{-1}(0)$ とおく．このとき ds が Y のどの既約成分上でも恒等的に 0 でなければ，Y の非特異部分 Y_0 上で定義された正則 $(n-1)$ 形式 g で

$$\left| \int_{Y_0} e^{-\varphi} g \wedge \overline{g} \right| < \infty$$

をみたすものに対し，X 上の正則 n 形式 G で Y_0 の各点において $G = g \wedge ds$ であり，かつ

$$\left| \int_X e^{-\varphi} (1+|s|^2)^{-2} G \wedge \overline{G} \right| \leq 1620\pi \left| \int_{Y_0} e^{-\varphi} g \wedge \overline{g} \right| \tag{1}$$

をみたすものが存在する．

$\mathbb{C}^n$ 内の領域 D 上の Bergman 核 $K(z, w)$ については
$$K(z, z) = \sup\{|f(z)|^2 ; \|f\| = 1, f \in \mathcal{O}(D)\}$$
ですから，$k(z, z) \geq c\delta(z)^{-2}$ を言うには $\varphi = 0$ に対して定理 3 を繰り返し用いて $n = 1$ の場合に帰着させればよいわけです．

ちなみに，[Oh-T] 以前には $K(z, z) \geq c\delta(z)^{-2}$ より弱い「任意の $\varepsilon > 0$ に対して $K(z, z) \geq c\delta(z)^{-2+\epsilon}$」を示した P.Pflug の仕事 [P] と，[P] と [Hm-1] を補間した [Oh-6] があります．[Oh-6] では [Oh-2] で成功した方法を流用したのですが，奇妙なことに強擬凸の場合の評価にも余計な ε がついてしまいました．この論文の最後で提起した「この ε を落とせるか」という問題も，[Hm-1] によらずに定理 3 で解決しました．

さて，一般の負荷付き L^2 空間
$$L^2_\varphi(D) := \left\{ f ; f \text{ は } D \text{ 上可測で } \|f\|^2_\varphi := \int_D e^{-\varphi} |f|^2 < \infty \right\}$$

に対しても Hilbert 空間 $A^2_\varphi(D) := \mathcal{O}(D) \cap L^2_\varphi(D)$
の再生核 K_φ が同様に定義でき，変換公式はみたさぬものの
いくつかの注目すべき性質を持ちます．K_φ も Bergman 核と
呼ばれ，$A^2_\varphi(D)$ は **Bergman 空間**と呼ばれます．定理 3 から
導ける K_φ の非自明な性質の一つは Demailly [Dm-1] による
近似定理で，任意の多重劣調和関数 φ は $\dfrac{1}{m} \log K_{m\varphi}(z, z)$ に
よって特異性もこめて近似できるというものです*22.

Demailly の近似定理の証明のポイントは，定理 3 と $K_\varphi(z, z)$
$= \sup\{|f(z)|^2 ; \|f\|_\varphi = 1, f \in A^2_\varphi(D)\}$ を使って得られる評価式

$$K_{m\varphi}(z, z) \leqq Ce^{m\varphi(z)}$$

です．これの両辺の対数を取ると

$$\frac{1}{m} \log K_{m\varphi}(z, z) \leqq \varphi(z) + \frac{\log C}{m}$$

となりますが，ここで $\lim_{m \to \infty} \dfrac{\log C}{m} = 0$ であることより，こ
の不等式を古典的な Cauchy の評価式から従う逆向きの不等
式と合わせれば所期の近似が得られます．

C のこのような性質は Bergman 核の境界挙動の評価を行
う際には必要がなかったことなので意外といえば意外でした
が，[Hm-1] の技法をまねて [A-V-2] を拡張した学位論文
[Oh-4] を書いた時は，Hörmander の L^2 評価式の定数が負
荷関数によらないことを重要な場面で用いていました．した
がって同じことが定理 3 や定理 4 の応用に際しても起こりう
ることは十分に予測できたはずだったのですが．

---

*22 正確に述べても難しくはないが，長くなるので割愛する．詳しくは [Dm-1,2] や [Oh-11] などを参照．

　［Oh-T］に到るまでの苦労話はここでは省きますが[*23]，共著者の竹腰見昭氏と散々試行錯誤を繰り返した後，1986 年の 2 月に鍵となる等式を発見したときにはそれこそ天にも昇る心地がしました．定理 4 を証明するにはそれを使って定理 1 の証明を変形しさえすればよいのでした．当時やや残念だったのは，［Oh-2］と［Oh-T］について Math. Review 誌で結果の紹介されたとき，方法についてはそれぞれ "by the L^2 estimates of $\bar{\partial}$"（Y.-T. Siu）および "via Carleman estimates for the $\bar{\partial}$ operator"（H. Boas）というコメントだけだったことです．実際には上で述べたように Andreotti と Vesentini の方法を精密化するためにその都度精一杯工夫したのでした．

　ちなみに，竹腰氏（以下では竹腰君と呼ぶ）は中野セミナーの後輩にあたり，金沢大学の酒井栄一教授の指導で多変数関数論を学び，中野先生の集中講義をきっかけに京大数理研の博士課程に進んだ人です．中野先生に竹腰君の修士論文を渡され，この人が博士課程に来たいと言っているのだがと相談を受けたのが 1978 年の暮れも押しつまるころだったと思います．混雑した帰省の電車の中で読むにはいかにも不向きな長い論文でしたが，何とか正月明けには中野先生に「この論文の主定理には反例がある」という返事をすることができました．弟弟子ができそうだったのに残念だったと思っていたところへ鹿ケ谷の 6 畳間の電話が鳴りました．それは金沢の竹腰君からで，「反例があるということは認めるが，論文の証明のどこが間違っているか教えてほしい」という問い合わせでした．筆者は反例については論文で読んだことがあったので説

[*23]　その一端は［Oh-10］に書いた．

明することができましたが，竹腰君は「かくかくしかじかの反例があるので，そのような主張をするのには無理がある」という説明ではどうしても引き下がってくれませんでした．その結果，30分ほど話した後私なりに納得することがあり，その翌日中野先生に改めてお会いして，竹腰君が希望するのであればセミナーに付き合ってもよいと伝えました．ただし竹腰君には別のテーマで修士論文を書いてもらうことになりました．4月に晴れて竹腰君を数理研に迎えた日，近くのアルファという名の喫茶店で竹腰君と改めて長い話をしました．その時竹腰君が最初は哲学を志していたことを教えてもらいました．筆者が後に L^2 拡張定理の鍵を発見したのは竹腰君との議論の後，アルファでコーヒーを飲んでいるときでした．

4．新たな課題

筆者の手元に残った [Oh-T] のプレプリントの序文の最後には "An application of the extension theorem to the boundary behavior of the Bergman kernels will be given in a forthcoming paper" とありますが，出版された論文ではこれが削られ，代わりに謝辞が入っています．その理由はまったく記憶にありませんが，定理3の Bergman 核の境界挙動への最も直接的な応用である $K(z, z) \geq c\delta(z)^{-2}$ を [Oh-T] に書かなかっただけでなく，この後で発表した補足のような論文 [Oh-7] でもコメントしなかったことはうかつでした．

ともあれ [Oh-T] の後，Bergman 核の境界挙動に関してこの方向に残された主要な問題は次の二つになりました．

1. $\lim_{z \to \partial D} K(z, z) = \infty$ が成り立つのは ∂D がどのような場合か.

2. 定理3を使うだけでは $K(z, z)$ を下から $c\delta(z)^{-2}$ で評価することしかできないが, Hörmander の漸近公式が系となるような仕方で L^2 拡張理論をさらに精密化することはできないか.

どちらも [Oh-T] からの数年間のうちには解決できませんでしたが, 1については Teichmüller 空間の超擬凸性[*24] を示した Krushukal の仕事 [Kr] や複素 Monge-Ampère 方程式の理論が刺激になり, [Oh-8] で次のように一定の進展を見ました.

定理5 D を $\mathbb{C}^n$ の超擬凸領域とすれば $\lim_{z \to \partial D} K(z, z) = \infty$ である.

最近 Bo-Yong Chen 氏によって Hölder 連続な境界を持つ有界擬凸領域は超擬凸であることが示されたので (cf.「Ch」), そのような領域上で $K(z, z)$ の境界値が ∞ であることが定理5よりわかります.

2については, 1993年になってから Seip の補間理論 [Sp] に触発されて L^2 評価法を再解釈した結果, [Oh-9] で定理3の精密化が得られました. それを定理4と似た形式で述べると次のようになります.

[*24] 有界な多重劣調和皆既関数を持つ複素多様体を超擬凸多様体 (hyperconvex manifold) と呼ぶ.

定理6 M を n 次元 Stein 多様体，$\varphi, \psi \in PSH(M)$ と
し，$w \in \mathcal{O}(M)$ は $\sup_M (\psi + 2\log|w|) \leq 0$ をみたし，かつ
dw は $w^{-1}(0)$ のどの既約成分上でも恒等的には 0 でないとす
る．$H = w^{-1}(0)$，$H_0 = \{x \in H \,; dw(x) \neq 0\}$ とおくとき，H_0
上の正則 $(n-1)$ 形式 f が条件

$$\left| \int_{H_0} e^{-\varphi-\psi} f \wedge \overline{f} \right| < \infty$$

をみたせば，H_0 上で $F = f \wedge dw$ をみたす M 上の正則 n
形式 F で

$$\left| \int_M e^{-\varphi} F \wedge \overline{F} \right| \leq C \left| \int_{H_0} e^{-\varphi-\psi} f \wedge \overline{f} \right|$$

となるものが存在する．ただし C は M や φ, ψ, f などの取
り方によらない定数である．

系 D を $\mathbb{C}^n$ 内の有界な強擬凸領域とすれば

$$\liminf_{z \to \partial D} K(z, z) \delta(z)^{n+1} > 0.$$

系は Hörmander の公式と比べると見劣りがしますが方法が
違います．西野利雄先生に初めて褒めていただいたのがこの
話でした．

定理 6 の定数として 2π（最良）がとれることが後に判明
し，その結果として 2 が解決するのですが，それは主に次世
代の人たちの力によります．次回からはそこへとつながる話
です．

参考文献

[Ah] Ahlfors,L., *Complex Analysis, Third Edition* McGraw-Hill, Inc. 1979.

[A-V-1] Andreotti, A. and Vesentini, E., *Sopra un teorema di Kodaira*, Ann. Scuola Norm. Sup. Pisa **15** (1961), 283–309.

[A-V-2] ——, *Carleman estimates for the Laplace-Beltrami equations on complex manifolds*, Inst. Hautes Études Sci Publ Math. **25** (1965), 81–130.

[B] Bergmann, S., *Über die Kernfunktion eines Bereiches und ihr Verhalten am Rande*, Reine u. Angew. Math. **169** (1933), 1–42. (1934), 89–123.

[Ch] Chen, B. Y., *Every bounded pseudoconvex domain with Hölder boundary is hyperconvex*, arXiv:2004.09696v1 [math.CV].

[Dm-1] Demailly, J.-P., *Regularization of closed positive currents and intersection theory.* J. Algebraic Geom. **1** (1992), no. 3, 361–409.

[Dm-2] ——, *Analytic methods in algebraic geometry*, Surveys of Modern Mathematics, 1. International Press, Somerville, MA; Higher Education Press, Beijing, 2012. viii+231 pp.

[F] Fujita, T., *On Kähler fiber spaces over curves*, J. Math. Soc. Japan **30** (1978), no.4, 779–794.

[Hm-1] Hörmander, L., L^2 *estimates and existence theorems for the* $\bar{\partial}$ *operator*, Acta Math. **113** (1965), 89–152.

[Hm-2] ——, *An introduction to complex analysis in several variables*, D. Van Nostrand Co., Inc., Princeton, N.J.-Toronto, Ont.-London 1966 x+208 pp.

[K] Kashiwara, M., *Analyse micro-locale du noyau de Bergman*, Sém. Goulaouic-Schwartz, 1976–1977, Expos6 VIII, 10 pp..

[Km] Kawamata, Y., *A generalization of Kodaira-Ramanujam's vanishing theorem*, Math. Ann. **261** (1982), no. 1, 43–46.

[Kr] Krushkal', S.L.,*Strengthening pseudoconvexity of finite-dimensional Teichmüller spaces*, Math. Ann. **290** (1991), no. 4, 681–687.

[M-Oh] Minami, N. and Ohsawa, T. (Eds.), *Bousfield Classes and*

Ohkawa's Theorem, Nagoya, Japan, August 28-30, 2015, Springer Proceedings in Mathematics & Statstics 2020.

[Oh-1] Ohsawa, T.,*Finiteness theorems on weakly 1-complete manifolds*, Publ. Res. Inst. Math. Sci. **15** (1979), 853–870.

[Oh-2] ——, *On complete Kähler domains with C^1-boundary*, Publ. Res. Inst. Math. Sci. **16** (1980), no. 3, 929–940.

[Oh-3] ——, *On $H^{p,q}(X, B)$ of weakly 1-complete manifolds*, Publ. Res. Inst. Math. Sci. **17** (1981), 113–126.

[Oh-4] ——, *Isomorphism theorems for cohomology groups of weakly 1-complete manifolds*, Publ. Res. Inst. Math. Sci.**18** (1982), no. 1, 191–232.

[Oh-5] ——, *Vanishing theorems on complete Kähler manifolds*, Publ. Res. Inst. Math. Sci. **20** (1984), no. 1, 21–38.

[Oh-6] ——, *Boundary behavior of the Bergman kernel function on pseudoconvex domains*, Publ. Res. Inst. Math. Sci.**20** (1984), no. 5, 897–902.

[Oh-7] ——, *On the extension of L^2 holomorphic functions. II*, Publ. Res. Inst. Math. Sci. **24** (1988), no. 2, 265–275.

[Oh-8] ——, *On the Bergman kernel of hyperconvex domains*, Nagoya Math. J. **129** (1993), 43–52.

[Oh-9] ——, *On the extension of L^2 holomorphic functions. III. Negligible weights*, Math. Z. **219** (1995), no. 2, 215–225.

[Oh-10] 大沢健夫　大数学者の数学　岡潔　多変数関数論の建設　現代数学社　2014.

[Oh-11] 大沢健夫　多変数複素解析　現代数学の展開　1997 岩波書店（増補版：2018 岩波書店）

[Oh-T] Ohsawa, T. and Takegoshi, K., *On the extension of L^2 holomorphic functions*, Math.Z. **195** (1987), 197-204.

[Pf] Pflug, P., *Quadratintegrable holomorphe Funktionen und die Serre-Vermutung*, Math. Ann. **216** (1975), no. 3, 285–288.

[Sp] Seip, K.,*Beurling type density theorems in the unit disk*, Invent. Math. **113** (1993), no. 1, 21-39.

[S-Y] Siu, Y.-T. and Yau, S.-T., *Complete Kähler manifolds with nonpositive*

curvature of faster than quadratic decay, Ann. of Math.（2）**105**（1977），
no. 2, 225–264.

[V] Viehweg, E., *Vanishing theorems*, J. Reine Angew. Math. **335**（1982），
1–8.

[Z-Z-I] Zhou, X.-Y and Zhu, L.-F., *Siu's lemma, optimal L^2 extension and applications to twisted pluricanonical sheaves*, Math. Ann. **377**（2020），1-2, 675-722.

[Z-Z-2] ——, *Optimal L^2 extension of sections from subvarieties in weakly pseudoconvex manifolds*, Pacific J. Math. **309**（2020），no. 2, 475-510.

追記

この原稿を連載中のことですが，校正中に突然，2021 年 6 月 4 日の朝のメールで 6 月 7 日～11 日開催の研究会の url が送られてきました．Complex Analysis and Geometry-XXV という，イタリアの人々が主催する研究会で，筆者も第一回以来度々出席させてもらいました．初回にはドイツの人がお祝いにシャンペンの栓を景気よく飛ばしましたが，ちょうど［Oh-T］のプレプリントができた後だったので，Peter Pflug 氏から手紙で受けた質問に現地で対面で答えることができたことは好都合でした．今回は開会の挨拶で組織委員の C.Arezzo 教授（代数幾何）が「来年は是非現地開催したい」と述べていました[25] が，そうなってほしいと願う一方で，日本からも気軽に参加できるリモートの長所も残してほしいとも思いました．集会の内容は連続講演を集めたもので，入門的な所から始めて最先端の話につなげる行き届いたものばかりでし

---

[25] 実際そうなり，日本からは足立真訓氏（静岡大）が出席した．

た．その一つに J.-P.Demailly[26] 教授（フランス）による「L^2 extension theorems and applications to algebraic geometry」がありました．7 日の幕開けがこの 1 回目で，8 日には日本時間の午後 9 時から 2 回目がありました．1 回目では今回の本文中の第 3 節の内容を証明の概略付きで，2 回目は第 4 節の定理 6 を $C = 2\pi$（最良）の形で，証明は Zhou（周）–Zhu（朱）[Z-Z-1, 2] に沿って紹介していました．3 回目はごく最近の進展についてで筆者には難しい話が多かったのですが，途中で Demailly が「こういう話の基礎は全部 Ohsawa がやった」と言ってくれたのは聞き逃さずにすみました．手元にノートがあれば Williamstown での Bergman のようにその言葉を逐一書き取っていたかもしれません．

　$C = 2\pi$ については今回は触れられませんでしたが，次回以降，筆者としては Demailly 氏が語らなかったことを中心に，逸話も含めて述べたいと思います．

---

[26] 1957 - 2022（3 月）

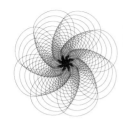

1．知識とは何か

「花は盛りに，月は隈なきをのみ見るものかは」などの箴言で知られる徒然草を，米国の学者[1] が「日本の紳士たちのマナーの教則本」と評したことがありますが（cf.［K-K］），徒然草は決して行儀のマニュアル本などではありません．それに，戦後の日本で教育を受けた世代のお手本は，M.Gandhi, A.Schweizter, Helen Keller のような人たちだったと思います．

ところで西洋の学者のお手本といえばプラトンでしょうか．「西洋哲学の伝統はプラトン哲学への一連の注釈で成り立っている」という A.N.Whitehead の言葉[2] がありますが，これはプラトンの著作に多くの原初的なアイディアがちりばめられていることを意味しています．Whitehead と並んで 20 世紀を代表する哲学者である M.Heidegger は，代表作の『存在と

---

[1] Donald Keene（1922-2019. 2012 年に日本国籍を取得．以下ではキーン氏と呼ぶ.）

[2] 正確には「ヨーロッパの哲学の伝統が持つ一般的性格を最も無難に説明するならば，プラトンに対する一連の脚注から構成されたもの，ということになる」（cf.［W］）という文章.

時間』(cf. [Hd]) をプラトンからの引用＊3 で始めていますが,
これは西洋哲学の源流を確認する姿勢を示すものといえるで
しょう.「真理の本質は変容する」はそんな Heidegger の独自
の到達点だと思います (cf. [Hd-B]). キーン氏の徒然草への
評価も, こういう文化的背景をうかがわせる響きが感じられ
ます＊4.

　プラトンの作品で影響の大きかったものの中に「テアイテト
ス」があります. そこでプラトンは師のソクラテスと若き数学
者テアイテトスとの問答を通して知識とは何かを論じていま
す.

　プラトンの学校の入り口には「幾何学を知らぬものは入るべ
からず」と書かれてあったそうで, その意味でもこの本は特に
数学者にとっては気になります. 無理数論を議論の糸口にし
て知覚が知識の構成要素であることが示唆されますが, 多く
の説が検証された後, 結局知識とは何かについての結論は出
さずにソクラテスは去っていきます＊5. 一方, 徒然草の最後で
は, 幼年時に父親に向かって「第一の仏」の自己矛盾を指摘し
たことが語られ, 随筆全体が知識への深い洞察に裏付けられ
ていることを示唆しています.

　さて, 筆者もあるとき「生きた知識と死んだ知識」をめぐっ
て友人たちと大いに議論しました. そのときコンピュータ科
学を専攻中だった小野芳彦氏＊6 が放った短いコメントに, 来

＊3 「ソピステス」
＊4 Keene は学生時代に Whitehead の弟子の B.Russel に「君の話は面白い」と
言われ, ビールを飲みに誘われたことがある.
＊5 続編の『ソピステス』では存在とは何かが論じられる.
＊6 北海道大学名誉教授. 認知科学や知能情報学が専門.

るべき情報化社会への洞察を感じてハッとさせられたことを覚えています．同じころ，大人気だった SF 小説 [7] を読んだ感想のついでに「ロボットの医者の診断など受けたくない」と筆者に言った人がいましたが，今やそんなことを言えない時代が来てしまいました．AI の能力はパターン認識を皮切りにして次々と人間を凌駕しつつあり，知識とはインターネットに代表される巨大なネットワークによって形成される何者か，あるいはビッグデータに応じて変化し続けるネットワークそのものであるという理解が定着しつつあります．このような事態はさすがのプラトンにも予見できなかったのではないでしょうか．

　そんな状況にあるこんにち，再生核は機械学習の技術の中で重要な役割を果たしています．それは「カーネルトリック」と呼ばれるデータの識別法で，おおまかには，空間内にベクトルとして配置された 2 種類のデータの集合を平面によって二分できる単純な配置へと帰着させる方法です．この変換を求める際に再生核が用いられます．「代表座標系に目を向けなければいけない」という Bergman のご宣託の響きがここにも残っているように感じられます．機械学習はビッグデータを扱うための方法論としても重要で，一般化されたフーリエ解析や組み合わせ理論など，種々の数学の発展を促しています．その中で特に注目されるのが**ウェーブレット解析**です．これは D. Gabor（1900–79）によるフーリエ変換の一般化が起源とされますが，一口に言えば直交関数系を「擬直交関数系」に拡げた理論で，C. Shannon（1916–2001）による信号解析や

---

[7]　小松左京　日本沈没　光文社 1973.

情報圧縮での有用性が認められ，理論応用共に長足の進歩を遂げました．

1993 年以後，その影響を受けた L^2 拡張理論の進展が，Bergman 核に関する一つの難問の解決に役立ちました．以下ではその展開をたどってみたいと思います．

2．ウェーブレットとサンプリング

ウェーブレット（wavelet）はフランス語の ondelette の英訳で，日本語に訳される前にそのまま定着してしまった言葉の一つですが，再生核と同様 Fourier 級数を起源としています．数学辞典では第 4 版[*8] で初めてウェーブレットが項目になり，Bergman 核と関連性の深い正規直交ウェーブレットの定義が次のように書かれています．

> **定義 1** $L^2(\mathbb{R})$ を数直線 $\mathbb{R}$ 上の 2 乗可積分な実数値 Lebesgue 可測関数のなす Hilbert 空間とする．関数 ψ を適切に選び
> $$\psi_{j,k}(x) = 2^{j/2}\psi(2^j x - k) \quad (j, k \in \mathbb{Z})$$
> が $L^2(\mathbb{R})$ の正規直交基底になるようにできるとき，ψ を**正規直交ウェーブレット**という．

ウェーブレットの最も簡単な例は Haar 関数です．**Haar 関数**とは区間 $\left[0, \frac{1}{2}\right)$ では 1，$\left[\frac{1}{2}, 1\right)$ では -1，その他のところで

———————————
[*8] 岩波数学辞典第 4 版　岩波書店　2007

は 0 となる関数です．これが正規直交ウェーブレットである
ことは明白でしょう．ウェーブレットは Fourier 級数論にお
ける $e^{\sqrt{-1}x}$ に相当しますが，$\mathbb{D}$ 上の Bergman 核や Szegö 核が
$L^2(\partial\mathbb{D})$ の正規直交基底からいわば「半分だけ取って」張られ
る空間の再生核であったと同様，ウェーブレットにも付随す
る再生公式があります[*9]．有名なのは **Shannon ウェーブレット**

$$\psi(x) = \frac{\sin \pi(x-\frac{1}{2}) - \sin 2\pi(x-\frac{1}{2})}{\pi(x-\frac{1}{2})}$$

に対する展開式

$$f(x) = \sum_{K \in \mathbb{Z}} f(k)\,\mathrm{sinc}(x-k) \tag{1}$$

です．ただし

$$\mathrm{sinc}\,x = \begin{cases} \frac{\sin\pi x}{\pi x} & (x \neq 0) \\ 1 & (x = 0) \end{cases}$$

とおき，f としては連続で Fourier 変換の台が $[-\pi, \pi]$ に含ま
れるものに限ります．

　（1）の大まかな証明は次の通りです．f の Fourier 変換の条
件から

$$\varphi(\xi) = \frac{1}{\sqrt{2\pi}} \int_{\mathbb{R}} f(x)e^{-\sqrt{-1}\xi x}\,dx =: \mathcal{F}f$$

とおけば

$$f(x) = \frac{1}{\sqrt{2\pi}} \int_{-\pi}^{\pi} \varphi(\xi)e^{\sqrt{-1}\xi x}\,d\xi \tag{2}$$

となりますから φ の Fourier 係数は f の整数点での値になり，
従って φ の Fourier 級数を（2）に代入すると（1）が得られます．

　正確には次の定理が成立します．

[*9] 詳しくは ［St］や ［B-H-S］などを参照．最近の文献 ［B］も興味深い．

定 理 1　$f \in \mathcal{O}(\mathbb{C})$ に 対 し，　あ る $p \geqq 1$ に 対 し て $f|_{\mathbb{R}} \in L^p(\mathbb{R}) \cap L^\infty(\mathbb{R})$ であり，かつ

$$|f(z)| \leq e^{\pi|y|} \sup_{\mathbb{R}} |f| \quad (x + \sqrt{-1}\, y = z \in \mathbb{C})$$

であれば

$$f(x) = \sum_{k \in \mathbb{Z}} f(k) \operatorname{sinc}(x - k) \quad (x \in \mathbb{R})$$

（右辺は絶対一様収束）

が成り立つ[*10].

積分型の再生公式は

$$f(x) = \int_{\mathbb{R}} f(y) \frac{\sin \pi(x - y)}{\pi(x - y)}\, dy$$

で，f が属する Hilbert 空間は $L^2(\mathbb{R})$ の閉部分空間

$$PW := \{f \in L^2(\mathbb{R}) \cap C^0(\mathbb{R}); $$
$$\operatorname{supp} \mathcal{F}f \subset [-\pi, \pi]\}$$

となります．PW には Paley-Wiener 空間という名前がついて います．PW の再生核が $\dfrac{\sin \pi(x - y)}{\pi(x - y)}$ です．

ところで等式 (1) を

$$f(t) = \frac{\sin \pi x}{\pi} \sum_{k \in \mathbb{Z}} f(k) \frac{(-1)^k}{x - k} =: (Sf)(x)$$

と書き直してみると，これは Lagrange の補間多項式

$$(L_n f)(x) = \sum_{k=-n}^{n} f(k) \frac{\lambda_n(x)}{\lambda'_n(k)(x - k)},$$

$$\lambda_n(x) := x \prod_{j=1}^{n} (j^2 - x^2)$$

[*10]　cf. [Bo]

の極限とみなせることがわかります．実際，有名な等式

$$\frac{\sin \pi x}{\pi x} = \prod_{j=1}^{\infty} \left(1 - \frac{x^2}{j^2}\right)$$

から

$$\lim_{n \to \infty} \frac{\lambda_n(x)}{\lambda'_n(k)} = \frac{(-1)^k \sin \pi x}{\pi}$$

であることが従うので

$$\lim_{n \to \infty} L_n f = Sf$$

となります[*11].

　このように，再生核には古典的な補間問題とのつながりがありますが，実は É. Borel [Br] が Lagrange の補間公式に倣った級数

$$C(z) := \frac{\sin \pi z}{\pi} \sum_{k \in \mathbb{Z}} a_k \frac{(-1)^k}{z-k}$$

の収束性を $\sum_{k \neq 0} \left|\frac{a_k}{k}\right| < \infty$ の場合に確かめた後，E.T.Whittaker [W] が $C|_{\mathbb{R}}$ の Fourier 変換が $\mathbb{R} \setminus [-\pi, \pi]$ 上で 0 になることを発見したというのが歴史的な順序です．(1) を f の展開式として証明したのは小倉金之助 [O] で，通信技術における必要からそれを独立に再発見したのが V.A.Kotel'nikov (1933)，H.P.Raabe (1939)，C.E.Shannon (1949)，染谷勲 (1949) であったとされます．数学的には定理 1 は十分条件を述べただけなので，多くの文献では (1) が成り立つ範囲を $L^2([-\pi, \pi])$ の Fourier 変換像に限り，**標本化定理**または**サンプリング定理**と呼んでいます[*12].

[*11] 詳しくは [H-K] を参照.

[*12] Shannon の名を冠することが多い.

さて，Bergman 核の境界挙動への興味から L^2 拡張定理
に達した筆者でしたが，[Oh-T] だけでは強擬凸の場合の
Hörmander の公式がカバーできないことから，L^2 拡張定理の
さらなる精密化が課題として残りました．しかし解決の手が
かりになりそうな文献は見当たらず，いっそ専門分野を変え
てしまおうかとも思ったりしていました．その時筆者に大き
なインパクトを与えたのは，補間問題と先端技術が綾なす大
きな流れに沿った K.Seip の論文 [Sp-2] でした．以下はそこ
から始まった話です．

3．補間問題における密度概念

[Sp-2] の主定理は単位円板 $\mathbb{D}$ 上の Bergman 空間における
補間定理ですが，それを述べるため，Seip に従って $\mathbb{D}$ 内の離
散集合の密度を定義します．

定義 2　$\rho(z, \zeta) = \left| \dfrac{\zeta - z}{1 - \bar{\zeta} z} \right|$ $(z, \zeta \in \mathbb{D})$,

$\Delta(\zeta, r) = \{z ; \rho(z, \zeta) < r\}$ $(r > 0)$ とおく．
$\mathbb{D}$ の部分集合 Γ が**一様離散的**（uniformly discrete）である
とは

$$\delta(\Gamma) := \inf\{\rho(z, w) ; z, w \in \Gamma, z \neq w\} > 0$$

であることを言う．Lebesgue 可測集合 $\Omega \subset \mathbb{D}$ の**双曲的面積**
（hyperbolic area）$a(\Omega)$ を

$$a(\Omega) = \frac{1}{\pi} \int_{\Omega} \frac{dxdy}{(1 - |z|^2)^2}$$

で定義する．

定義3　一様離散的な集合 $\Gamma \subset \mathbb{D}$, $\zeta \in \mathbb{D}$ に対し

$$n(\Gamma,\zeta,s) = \#(\Gamma \cap \Delta(\zeta,s)) \ (0<s<1)$$

$$E(\Gamma,\zeta,r) = \frac{\int_0^r n(\Gamma,\zeta,s)ds}{2\int_0^r a(\Delta(\zeta,s))ds} \ (0<r<1)$$

とおく．ただし #A は集合 A の濃度を表す．

$E(\Gamma,\zeta,r)$ で測っているものは，$\Delta(\zeta,s)$ 内で単位双曲的面積あたり含まれる Γ の点の平均的な個数です

定義4　Γ の**劣一様密度** (lower uniform density) $D^-(\Gamma)$ を

$$D^-(\Gamma) = \liminf_{r\to 1} \inf_{\zeta\in\mathbb{D}} E(\Gamma,\zeta,r)$$

で定義し，**優一様密度** (upper uniform density) $D^+(\Gamma)$

$$D^+(\Gamma) = \limsup_{r\to 1} \sup_{\zeta\in\mathbb{D}} E(\Gamma,\zeta,r)$$

で定義する．

すると $\mathbb{D}$ 上の関数空間 $A^p = \left\{ f \in \mathcal{O}(\mathbb{D}) ; \int_{\mathbb{D}} |f|^p < \infty \right\}$ $(0<p<\infty)$ に対して次が成立します．

定理2　一様離散的な集合 $\Gamma \subset \mathbb{D}$ に対し

$$\forall c \in \mathbb{C}^\Gamma \text{ s.t. } \sum_{z\in\Gamma}(1-|z|^2)^2|c(z)|^p < \infty,$$

$$\exists f \in A^p \text{ s.t. } f|_\Gamma = c \iff D^+(\Gamma) < \frac{1}{p}.$$

定理3　$\Gamma \subset \mathbb{D}$ に対し,

$\exists K_i > 0 \ (i = 1, 2)$ s.t. $\forall f \in A^p$

$$K_1\|f\|_p^p \leq \sum_{z \in \Gamma}(1-|z|^2)^2|f(z)|^p \leq K_2\|f\|_p^p$$

$\Longleftrightarrow \exists n \in \mathbb{N}$ & 一様離散的な

$\Gamma_i \ (i = 1, 2, \cdots, n)$

s.t. $\Gamma = \bigcup_{i=1}^n \Gamma_i$ & $D^-(\Gamma_1) > \dfrac{1}{p}$.

ただし $\|f\|_p = \left(\displaystyle\int_{\mathbb{D}}|f(z)|^p\right)^{\frac{1}{p}}$ とおきます. 定理2の左辺の条件をみたす Γ を A^p に対する**補間集合**(a set of interpolation)と言い,定理3の左辺の条件をみたす Γ を A^p に対する**標本集合**(a set of sampling)と言います. [Sp-2]では定理2と定理3はいずれも $p = 2$ のときのみ示されましたが,後にSchuster [Sch-1, 2]およびSchuster–Varolin [Sch-V]で一般の p に対して示されました.

定理2で最も注目すべき点は,$A^p|_\Gamma$ が総和可能性により特徴づけられるための必要十分条件を一定の密度概念によって与えていることです. 定理3は補足的な性格のものですが,存在定理である定理2と対をなす一意性定理です.

さて,[Oh-T]の L^2 拡張定理は Bergman 核の一般的な評価 $K(z, z) \geq c\delta(z)^{-2}$ を導きはしますが,領域 D 上の L^2 正則関数を超平面切断 $D' := D \cap \{z_n = 0\}$ に制限してできる関数空間 $\mathcal{O}(D) \cap L^2(D)|_{D'}$ については,$\sup_{z \in D}|z_n| < \infty$ ならそれが $\mathcal{O}(D') \cap L^2(D')$ を含むと言うにとどまります. 実際 $n \geq 2$ で D が強擬凸なら $\mathcal{O}(D) \cap L^2(D)|_{D'} \neq \mathcal{O}(D') \cap L^2(D')$ であるこ

とは Hörmander の公式からも明らかです．このことからも，L^2 拡張理論には解析学の定理として [Oh-T] よりもっと完成度の高いものがあると予想されます．こういう目で定理 2 を眺めてみますと，f に対する可積分性の条件と $f|_\Gamma$ に対する総和可能性条件の間にズレがあることが気になってきます．つまり $n = 1$ の場合，[Oh-T] はこのズレの分だけ [Sp-2] に負けているのです．

このような動機から，1993 年の春に [Sp-2] を目にして以来，筆者は Seip 理論の高次元化を試みるようになりました．目標は，関数空間 $A^2_\varphi(D)$ に対する補間集合と標本集合を，領域 D の解析的部分集合全体から φ に関する条件によって絞り込むことです．そのために [Sp-1] や [Sp-W] をはじめ，関連する文献に目を通しながら L^2 評価の方法が使えそうな文脈を探しました．そのときエントロピーや不確定性原理などを読みかじりましたが，密度概念を L^2 評価法に合うようにするには曲率を使うのがよいと思われました．具体的にどうやればよいかはなかなかわからなかったのですが，Siu 教授に招かれてハーバード大学に滞在中，10 月に意外とすっきりした定式化が見つかったので [Oh-1] を書き，11 月に [Oh-3] を書きました．[Oh-1]（第八話の定理 6）では密度を表に出さずに済みましたが，それだけでは何か物足りなかったので [Oh-3] も書きました．その序文で厚かましくも重力と曲率の等価性にふれました．[Oh-1] は Siu のオフィスの前の廊下でタイプ打ちしましたが，[Oh-1] から [Oh-3] へと頭を切り替える途中で気づいたことを短い論文 [Oh-2] にまとめたときはじめてワープロ原稿を作りました．それを Siu のメールボックス

に入れておいたところ，Siu からは「update をありがとう」と
しか言ってもらえず拍子抜けしましたが，実はこの芽が成長
しだして Bergman 核の理論の新たな枝になりました．

　次回はその話に入りたいと思いますが，その前にここで，
岡と Grauert の後を受けて長い間多変数複素解析のトップラ
ンナーとして活躍した Siu の一面をご紹介したいと思います．

　2022 年 5 月，筆者はニューヨークで久しぶりに Siu 教授
に会うことができました．前年の 6 月に他界した倉西正武先
生の追悼記念集会がコロンビア大学とハーバード大学の二か
所であり，筆者たちはコロンビア大学での集会後，再会を祝
して夕食のテーブルを囲んだのでした．話題は倉西先生の数
学を中心にあちこちに広がりましたが，耳寄りだったのは Siu
教授が 1975 年から 1976 年にかけて数理研に滞在した時のこ
とでした．筆者の目に焼き付いたのはカットオフ関数の長い
グラフを描く Siu の颯爽とした姿でしたが，話は当時代数解
析のトップリーダーとして活躍していた佐藤幹夫教授とのこ
とでした．佐藤先生は倉西理論に関連した解析接続について
の Siu の別の講演が気に入ったようで，そのとき「L^2 評価は
やめて一緒に代数解析の研究をしないか」と Siu に勧めたそう
です．これは初耳でしたが，続いて発せられた「しかし自分は
L^2 評価をやめなかった」という Siu の言葉を聞いたとき，パ
ンデミックの難を押してはるばるアメリカまで来たかいがあっ
たと思いました．思い返せば，「専門は多変数関数論です」と
言ったとき，「では Siu 先生と同じことをやっているのですね」
と今まで言われなかったのが不思議なくらいです．

参考文献

[B] Berge, E., *Interpolation in wavelet spaces and the HRT-conjecture*, arXiv. 2005. 04964 v 3

[Bo] Boas, R .P. Jr., *Entire functions*, Academic Press Inc., New York, 1954. x + 276 pp.

[Br] Borel, É. *Memoire sur les series divergentes*, Ann. Sci. Ec. Norm. Super., Series 3 **16** (1899), 9-131.

[B-H-S] Butzer, P.- L., Higgins, J. R. and Stens, R. L. *Sampling theory of signal analysis*, Development of mathematics 1950–2000, 193-234, Birkhäuser, Basel, 2000.

[Hd] Heidegger, M., **存在と時間** 熊野純彦訳 岩波文庫（全4巻）2013.

[Hd-B] Heidegger, M. and Buchheim, I., **真理の本質について―プラトンの洞窟の比喩と『テアイテトス』**（ハイデッガー全集） 細川亮一, イーリス・ブフハイム訳 創文社 1995.

[H-K] Hinsen, G. and Klösters, D., *The sampling series as a limiting case of Lagrange interpolation*, Appl. Anal. **49** (1993), 49-60.

[K-K] 兼好, Keene, D., よりぬき徒然草 ドナルド・キーン訳 （講談社バイリンガルブックス）1999.

[O] Ogura, K., *On a certain transcendental integral function in the theory of interpolation*, Tôhoku Math. J. (2) **17** (1920), 64-72.

[Oh-1] Ohsawa, T., *On the extension of L^2 holomorphic functions. III. Negligible weights*, Math. Z. **219** (1995), no. 2, 215-225.

[Oh-2] ――, *Addendum to: "On the Bergman kernel of hyperconvex domains"* [Nagoya Math. J. **129** (1993), 43-52]. Nagoya Math. J. **137** (1995), 145-148.

[Oh-3] ――, *On the extension of L^2 holomorphic functions. IV. A new density concept*, Geometry and analysis on complex manifolds, 157-170, World Sci. Publ., River Edge, NJ, 1994.

[Oh-T] Ohsawa, T. and Takegoshi, K., *On the extension of L^2 holomorphic functions*, Math. Z. **195** (1987), no. 2, 197-204.

[St] 斎藤三郎 **再生核の理論入門** 牧野書店 2002.

[Sch-1] Schuster, A. P., *Sampling and interpolation in Bergman spaces*,

Thesis (Ph.D.) -University of Michigan. 1997 . 87 pp.

[Sch-2] ——, *On Seip's description of sampling sequences for Bergman spaces*, Complex Variables Theory Appl. **42** (2000), no. 4 , 347-367 .

[Sch-V] Schuster, A. P. and Varolin, D., *Sampling sequences for Bergman spaces for p< 1* , Complex Var. Theory Appl. **47** (2002), no. 3 , 243-253 .

[Sp-1] Seip, K., *Density theorems for sampling and interpolation in the Bargmann-Fock space. I*, J. Reine Angew. Math. **429** (1992), 91-106 .

[Sp-2] Seip, K., *Beurling type density theorems in the unit disk*, Invent. Math. **113** (1993), no. 1 , 21-39 .

[Sp-W] Seip, K. and Wallstén, R., *Density theorems for sampling and interpolation in the Bargmann-Fock space. II*, J. Reine Angew. Math. **429** (1992), 107-113 .

[W] Whitehead, A. N., **過程と実在** 山本誠作訳 松籟社 1979 .

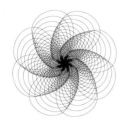

第10話

1. マサチューセッツのセレブな面々

　前回は［Oh-2,3,4］への道を開いてくれた Seip の仕事［Sp］と，その背景である補間理論について述べました．今回はその続きで主に［Oh-3］の話ですが，結果は式で1行なのでそこへ行きついた経緯を主に述べたいと思います．まずこれに気づいた時の研究環境についてです．

　1993年の秋，Siu 教授の招待を受けてハーバード大学で［Oh-2,3,4］を書きました．ハーバード大学は米国マサチューセッツ州ケンブリッジ市にありますが，そこでの生活はまことに濃密な75日間でした．やや田舎者の引け目を感じながらも，すべてが研究にとってプラスになるようにしつらえてある中で仕事をすることができました．かつて小平邦彦先生は Bergman に招かれて初めてハーバード大学を訪れ，滞在中「他の用事がないときは，文字通り朝から晩の10時頃までこの教授と数学の話をして，ヘトヘトに疲れました．」と『怠け数学者の記』に書かれています．筆者の場合そんな極端なことはありませんでしたが，超一流の数学者たちから有形無形の刺激をもらいました．

以下ではその一部を "Speak about the people I have seen[*1]" という形で述べてみましょう.

着いた日は Siu と一緒にハンバーガーショップに行きました. 雨が降っており, Siu は骨の壊れた傘を差していましたが, 途中で突然「Moishezon[*2] が亡くなった」と言いました. Siu の有名な仕事の一つに Moishezon 多様体[*3] の微分幾何的特徴づけがあります (cf. [S]). この問題は Grauert-Riemenschneider 予想の名で知られ, Siu と 1980 年にゲッチンゲン大学で話す機会があった時に重要性を印象付けられました. この時の Siu の口調から, Moishezon が第一級の数学者であったことがうかがえました. 食事をしながら, セミナーの予定や A.Todorov[*4] 氏と J.Jost[*5] 氏も滞在予定であることを伝えられました. この二人とは面識があったので嬉しく思いました. Jost 氏は既に来ていたかもしれません.

Todorov は, Calabi-Yau 多様体のモジュライ空間が非特異であるという Bogomorov-Tian-Todorov の定理により物理学でも有名ですが, K3 曲面の本格的な研究の草分けの一人で, いつもこれに関する最先端の話題に注意を払っていました. 以前ゲッチンゲン大学の Grauert 教授のもとに滞在した折, 氏とはしばらく同じアパートで暮らしました. その時はあまり数学の話はしませんでしたが, ハーバードで会った時は "bad

---

[*1]　名曲 "Massachusetts" (Bee Gees) の歌詞より

[*2]　Boris Moishezon 1937-1993. 代数多様体と双有理型同値なコンパクト Kähler 多様体は射影的であることを示した.

[*3]　コンパクトな複素多様体で代数多様体と双有理型同値なもの

[*4]　Andrey Todorov 1948-2012

[*5]　Jürgen Jost 1956-

reduction" が問題だと言っていました．これは当時 A.Wiles が解決したと宣言した Fermat 予想にも関連することのようでしたが，多変数関数論に近い話題とはいえ，Fermat 予想や abc 予想の周辺は筆者の知識ではついていけませんでした．しかし数論の Barry Mazur 教授や Euler 予想[6] の反例で評判になった Noam Elkies を見かけたときはオッと思いました．この人たちの周りには若き秀才たちが集まっていました．

　Jost とは調和写像をめぐって興味が交錯したことがあり，1989 年に滋賀県の堅田であった研究集会では筆者が氏を暫時独り占めしたこともあったくらいです．ハーバードでは無限エネルギーの調和写像について教えてもらいました．Jost が去る直前，筆者は近所の MIT（マサチューセッツ工科大）で Sullivan[7] の講演を聴きましたが，これは顔を拝みに行ったようなものでした．しかし取ったノートを元に帰ってから Jost 氏に説明したら，なんとか通じたようでした．今となっては講演内容は全く覚えていませんが，Bott 教授[8] が最前列で聴講していたことは覚えています．講演終了後，誰も質問しなかったので Bott 教授が「質問の仕方を教えてあげよう.」と言ってごく初等的な質問をしました．1996 年以来，Jost はライプチヒの Max-Planck 研究所の所長をしています．最近，知り合いがライプチヒ大学の教授に昇任するにあたって筆者は推薦状を書くよう依頼されましたが，依頼状に「学長

---

[6]　$x^4+y^4+z^4=w^4$ は自然数解を持たない（Fermat 予想の一般化）.

[7]　D. Sullivan (1941-)複素力学系と Klein 群の類似に関する Sullivan の辞書で有名．2022 年に Abel 賞を受賞した.

[8]　Raoul Bott (1923-2005)ハンガリー出身のトポロジスト . Bott の周期性定理は有名.

に見せるので」とあったので，万一 Jost に見られてもよいように思って書きました．

　Siu は筆者とドイツから来た若手の T.Pöhlmann 氏を相手に複素力学系について講義をし，Sullivan の非遊走定理[*9] を複素構造の変形理論の視点から証明してくれました．Pöhlmann に誘われて学生向けの "Trivial Notions"[*10] というセミナーに出席し，Arnol'd[*11] がカタストロフ理論について大演説するのを聴きました．Pöhlman は感激していました．Pöhlman が Jost の前でかしこまっているのを見て，Jost のセレブさがうかがえました．

　ソ連が崩壊して間もない時期で，1989 年に米国に移住した大数学者 Gelfand[*12] の一門の人たち[*13] とも話す機会がありました．その中で覚えているのは電話で Gelfand に研究報告をした人の話です．報告を聴くなり Gelfand は「そんな簡単なことはどんな馬鹿でも証明できる」と言ってさっさと電話を切ってしまいましたが，30 分後に「どうやって証明するんだ」と尋ねてきたそうです．その人は筆者が名古屋から来たことを知ると「Aomoto は面白い仕事をしている．」と言いました．Aomoto とは名大理学部数学科（当時）の青本和彦教授[*14] の

[*9] Riemann 球面上で次数が 2 以上の有理写像 f の反復合成が正規族をなすような極大な領域の f による反復合成像は周期的である．

[*10] 2000 年以降の講演者リストがネットで見れる．

[*11] V.Arnol'd (1937-2010) Hilbert の第 13 問題の解決や力学系の KAM 理論で有名（KAM はそれぞれ Kolmogorov, Arnol'd, Moser の頭文字）．

[*12] I.M.Gelfand (1913-2009) 関数解析，表現論を中心に幅広い研究で現代数学に大きな影響を与えた．

[*13] つまりモスクワ大学のトップクラス

[*14] 現在は名誉教授．解析学の大家であり多変数の超幾何関数を Gelfand と独立に発見した（cf. [A-K]）．

ことです. 青本先生は筆者と同年の大川氏 [*15] の指導教員で, 筆者も [Oh-6] の執筆を勧められるなど何かとお世話になりました. Gelfand は当時 80 才でしたが翌年チューリッヒで開かれた ICM で元気な姿を見かけました.

O.Zariski の胸像が置かれたコモンルームで, Bott の 70 才の誕生パーティーがありました. そのときやや遅れて L.Ahlfors (当時 86 才) が姿を見せましたが, 感激した Bott に肩を抱きしめられていました. ちなみに, Ahlfors の有名なテキスト [A] には留数解析の練習問題として「ベルグマンの核公式」

$$f(\zeta) = \frac{1}{\pi} \int_{|z|<1} \frac{f(z)}{(1-\overline{z}\,\zeta)^2}\,dxdy \ f \in (\mathcal{O} \cap L^\infty)(\mathbb{D})$$

が紹介されています.

ケンブリッジの街 [*16] には夜の 12 時まで開いている書店がありました [*17]. 古書店もあり, そこで物色して入手した本の中に "Aspects of contemporary complex analysis" という報告集 [B-C] があります. これを購入した理由は値段が手ごろであったこともありますが [*18], Korevaar [*19] の論説 [K] があったからでもありました. そこでは Seip 論文 [Sp] で目にした「Beurling 型密度」が解説されていました. 以下はその序文の冒頭部です.

[*15] 第 8 話を参照

[*16] Harvard square

[*17] 2022 年 5 月には閉店時刻が 22 時になっていた.

[*18] 35 ドルだったがその上に書かれた 134 ドルに横線が入っていた.

[*19] J. Korevaar (1923-) 一変数関数論が専門だが, 弟子の J. Wiegerinck は多変数関数論が専門のアムステルダム大学教授.

1930 年ごろ，指数関数系

$$(1.1) \qquad\qquad \{e^{\sqrt{-1}\lambda_k t}\} \quad (\lambda_k \in \mathbb{R})$$

が $L^2(-c, c)$ を張るのはどのような時かという問題が提起された（Pólya, Paley-Wiener [P-W]）．明白な必要十分条件は，集合 (1.1) の直交補空間が 0 のみから成ること，あるいは

$$\int_{-c}^{c} \varphi(t) e^{\sqrt{-1}\lambda_k t} dt = 0 \,(\forall k) \,\&\, \varphi \in L^2 \Rightarrow \varphi = 0$$

が成り立つことである．複素 Fourier 変換

$$(1.2) \qquad f(z) = \hat{\varphi}(z) = \int_{-c}^{c} \varphi(t) e^{-\sqrt{-1}zt} dt,$$

$$\varphi \in L^2$$

を用いれば，問題は関数の零点の分布についてのものになる．つまり集合 (1.1) が $L^2(-c, c)$ を張るためには，(1.2) の形をした（すなわち Paley-Wiener クラス c の）0 でない整関数の零点集合に $\{\lambda_k\}$ が含まれることが必要かつ十分である．Paley-Wiener タイプ c の関数は c 以下の（正の）指数をもつ整関数で実軸上 2 乗可積分なものとして特徴づけられる [P-W]．例えば $(\sin cz)/z$ がそうである．

その後，24 時間営業の大学図書館で Beurling の論文集 [B] を開き，著者のコメントで惑星画像の伝送効率を上げるために Beurling 理論が使われたと知って驚きました．その他，Todorov 氏と一緒に S.T.Yau 教授宅を訪れたときのことなど思い出は尽きませんが，それについてはまた別の機会ということにしたいと思います．ともかく，[Oh-2, 3, 4] を書いたのはこういう場所でした．

2. 吹田予想への応用

　[Oh-2] の原稿を打ち終わってから，[Oh-1] でやり残した
ことが気になってきました．[Oh-1] では $\mathbb{C}^n$ 内の有界な超擬
凸領域において Bergman 核 $K(z, z)$ が境界で発散することを
示すのに [Oh-T] を応用しましたが，その際，超擬凸領域上
の Green 関数の性質を使いました．Green 関数と Bergman
核の関係と言えば，Schiffer が注目すべき等式と呼んだ公式

$$K(z, \zeta) = -\frac{2}{\pi} \frac{\partial^2 G(z, \zeta)}{\partial z \partial \bar{\zeta}} \tag{1}$$

が代表的なものです．Riemann 面 Ω の Green 関数 G は

$$G(z, w) := -\sup\{u_w(z); \Delta u_w < 0, \ u_w < 0,$$
$$u_w - \log|z - w| \in L^\infty_{\mathrm{loc}}(\Omega)\}$$

で定義されます[20]．Ω 上に有界な劣調和関数がないときは
$G \equiv +\infty$ となります．Green の公式から $G(z, w) = G(w, z)$ が
得られますが，これが Bergman 核の評価に役立つことは予
期しなかったことでした．Seip の仕事に出会う前で，この時
点では L^2 拡張理論に密度概念を取り込むことは考えていま
せんでしたが，今にして思えばこの論文を書いているうちに，
薄々ながら L^2 評価の方法で一変数関数論の問題も攻略でき
ることに気づいていたかもしれません．数学はやはり自分で
問題を解いているうちに世界が開けていくようです．

　(1) を用いて吹田[21] [Su-1, Theorem 2] は Bergman 核と
対数容量

---

[20]　z, w は Ω の局所座標

[21]　吹田信之 (1934-2002)

$$c_\beta(z) := \lim_{w \to z} (-G(z,w) - \log|z-w|)$$

を結ぶ公式

$$\frac{1}{\pi} \frac{\partial^2}{\partial z \partial \bar{z}} \log c_\beta(z) = K(z,z) \tag{2}$$

を導きました[*22].

　(2) は吹田氏が 1971 年にスタンフォード大学に Schiffer 教授を訪ねた際に得たもので, [Su-1] の主目的は Sario-Oikawa[*23] [S-O] の続きを調べることでした. [S-O] は Riemann 面の分類問題がほぼ解決した頃に書かれた総合報告です. Riemann 面上には Green 関数, 有界調和関数, 2 乗可積分な正則微分, Dirichlet 積分が有界な正則関数など種々の関数が存在しますが, 非コンパクトな Riemann 面の分類を考えるとき, Riemann 面の境界がどれくらい小さかったらこれらの関数族が退化するかということが主要な問題でした. これについては, 関連する関数族のノルム制限の下での汎関数の極値問題を考え, 極値が 0 となることで関数族の退化を特徴づけるのが典型的な方法でした (cf. [A-B]). [S-O] では新たにこれらの極値の大小関係が問題として提出されました. 吹田は [Su-1] で一般の Riemann 面 Ω に対する不等式

$$\pi K(z,z) \geqq c_B(z)^2$$
$$c_B(z) := \sup\{|f'(z)|; f \in \mathcal{O}(\Omega) \cap L^\infty(\Omega)\}$$

を, 等号条件も含んだ完全な形で示しました. そこで $K(z,z)$ と $c_\beta(z)$ の関係はどうかが次の課題になりました. $\Omega \cong \mathbb{D}$ のとき $\pi K(z,z) = c_\beta(z)^2$ であることは両辺の定義から明らかです

[*22]　$G \equiv +\infty$ $(c_\beta \equiv 0)$ のときは除く.

[*23]　L.Sario (1916-2009), 及川廣太郎 (1928-92)

が，吹田は Ω が円環のときに $\pi K(z,z) > c_\beta(z)^2$ を得，一般に
は $\pi K(z,z) \geqq c_\beta(z)^2$ であり，ある点で等号が成り立てば Ω は
$\mathbb{D}$ から対数容量が 0 の集合 [*24] を除いたものと等角同値であ
ろうと予想しました（**吹田予想**）[*25]．これも Bergman 核を下
から評価する問題ですので，筆者には L^2 評価の方法の試金石
の一つに見えました [*26]．

　[Sp] は $\mathbb{D}$ 上の Bergman 空間 $A^2_{-\alpha \log(1-|z|^2)}(\mathbb{D})$ $(\alpha > -1)$ に対
する補間問題を解いているのみだったので，まずはこの結果
をどんなに大まかでもよいから Riemann 面上へと拡張した
いと考えました．その結果，[Oh-2] と似た方法で L^2 評価と
Green 関数を絡めることができ，次の結果が得られました．

定理 1　（cf. [Oh-3]）任意の Riemann 面上で
$750\pi K(z,z) \geqq c_\beta(z)^2$ が成立する．

　[Oh-2] に書いたのは次の結果 [*27] でした．

[*24]　閉集合 $E \subset \mathbb{D}$ の対数容量が $0 \Longleftrightarrow (K^2 \cap O)(\mathbb{D} \backslash E) = (L^2 \cap O)(\mathbb{D})$

[*25]　z は Riemann 面 Ω の局所変数で，2 乗可積分な正則微分の空間の再生核
を $K(z,w)dzd\overline{w}$ としたときに $K(z,z)|dz|^2$ と $c_\beta(z)^2|dz|^2$ は Ω の擬計量とな
る．

[*26]　[Su-1] では円環の Bergman 核が Weierstrass の $\wp$ 関数を用いて書けるこ
と（cf[Za]）を用いて，実 1 変数関数の解析に問題を帰着させて計算がされている．
[Su-2] では一般の場合に問題が計量 $c_\beta(z)|dz|$ の曲率の評価と等価であること
が注意されている．

[*27]　第 8 話の定理 6 の系

> **定理2**　D を $\mathbb{C}^n$ の有界擬凸領域とし，ψ を D 上の多重劣調和関数で $\sup(\psi(z)+2\log|z_n|)<\infty$ をみたすものとする．このとき $\sup(\psi(z)+2\log|z_n|)$ のみに依存する定数 C があって，D 上の任意の多重劣調和関数 φ および $D':=D\cap\{z_n=0\}$ 上の正則関数 f で
> $$\int_{D'} e^{-\varphi(z)-\psi(z)}|f(z)|^2\,d\lambda' < \infty$$
> をみたすものに対し，D 上の正則関数 F で $F|_{D'}=f$ かつ
> $$\int_D e^{-\varphi(z)}|F(z)|^2\,d\lambda \le C\int_{D'} e^{-\varphi(z)-\psi(z)}|f(z)|^2\,d\lambda'$$
> をみたすものが存在する．

　Riemann 面上で Green 関数を $-\frac{1}{2}\psi-\log|z_n|$ に見立てて L^2 拡張問題を解くと定理1が示せるといった調子でした．ただし［Oh-3］はケアレスミスやミスプリントが多く，読めないという苦情がクラクフ大学の W.Zwonek 氏から寄せられました．幸いその時までにはそのような傷は［Oh-8］で直せていたので，これをファックスで送ったら何とか通じたようでした．Zwonek は Bergman 計量が完備な $\mathbb{D}$ の部分領域で $K(z,z)$ がある境界点で発散しない例を発見しました（cf.［Z］).．［Oh-3, 8］の多変数版にあたるのが［Oh-4］で，実質的には Seip の言う「Beurling 型の密度」を曲率で言い換えて L^2 拡張理論の中に組み込んでいます．謝辞の中に Jost と Todorov の名が入っているので彼らにも聞いてもらったに違いありませんが全く覚えていません．Yau のセミナーでも発表させてもらいました．Yau が質問してくれたことが嬉しかった

ので，その時のことはよく覚えています．Siu と Yau に謝意を表していなかったのは変なので，遅まきながらこの場を借りて感謝させて頂きたいと思います．

3．Bergman 計量の完備性をめぐって

吹田予想は 2012 年に解かれたのですが，それまでにも Bergman 核に関して大きな動きがいくつかありました．そのうちの一つが Bergman 計量についてのものです．ここでは特に完備性の問題に関して進歩があったことを記しておきたいと思います．

第 3 話で述べたように，小林 [Kb] は（有界な）解析的多面体領域の Bergman 計量が完備であることを示しました．その方法の基礎になったのは，n 次元複素多様体 M が Bergman 計量を持つ場合，それは M 上の L^2 正則 n 形式の空間の射影化への M の標準的な埋め込みによって，射影空間の Fubini-Study 計量を引き戻したものであるという観察でした．これを踏まえると，Bergman 核が境界で発散することと有界正則関数の集合が L^2 正則関数の空間内で稠密であることを合わせれば，Bergman 計量の完備性が簡単に示せます．[Oh-1] の別刷りを小林先生に送った時，頂いた返事の中に「超擬凸領域の Bergman 計量は完備か」という問いかけがありました．Bergman 核の発散性がわかった以上，Bergman 完備性，すなわち Bergman 計量の完備性の問題が次の課題として自然に浮上してきたわけです．筆者はこの小林予想に関してはごく部分的な答えしか出せませんでした（cf. [Oh-5, 7]）．こ

の方向に狙いを定めた人たちの中で，Z.Błocki と P.Pflug ［B-P］および G.Herbort ［H］が互いに独立に最初の成功を収めました．つまり彼らは $\mathbb{C}^n$ 内の超擬凸領域の Bergman 計量が完備であることを証明しました．そののち B.-Y.Chen（陳伯勇）［Ch］がこれを多様体上に一般化しました．2004 年秋に北海道大学で開かれた学会の函数論分科会の特別講演で，Chen 氏はこの成果を発表しました．講演終了後，小林先生が進み出て Chen 氏に挨拶をされました．そのとき座長をしていた筆者は Chen 氏が感激して頬を赤らめるのを目撃しました．これらの仕事で重要な役割を果たしたのは多重複素 Green 関数でした．これは Laplace 作用素の代わりに Monge-Ampère 作用素 $u \longmapsto (\partial\bar{\partial}u)^n$ に対して Green 関数と同様の構成で定まる関数で，その性質が L^2 評価と相性が良いのは Green 関数の場合と同様でした．1996 年にバークレーで筆者に「小林先生と同じことをしているのですか」と尋ねた人がいたことを第 3 話で書きましたが，その人がこの展開を知ったなら，「やはりね」と頷いたかもしれません．

　一方，Seip 理論の影響を受けた ［O-2,3,4］の先には意外な展開が待っていました．次回はその話に進みたいと思います．

参考文献

[A] Ahlfors, L. V., *Complex analysis. An introduction to the theory of analytic functions of one complex variable*, Third edition. International Series in Pure and Applied Mathematics. McGraw-Hill Book Co., New York, 1978. xi+331 pp. 複素解析（笠原乾吉訳）　現代数学社　1982.

[A-B] Ahlfors, L.V. and Beurling, A., *Conformal invariants and function-theoretic null-sets*, Acta Math. **33** (1950), 105-129.

[A-K] 青本和彦・喜多通武　超幾何関数論 シュプリンガー現代数学シリーズ　丸善出版　2012.

[B] Beurling, A., *The collected works of Arne Beurling. Vol. 1. Complex analysis*, Edited by L. Carleson, P. Malliavin, J. Neuberger and J. Wermer. Contemporary Mathematicians. Birkhäuser Boston, Inc., Boston, MA, 1989. xx+475 pp.

[B-P] Błocki, Z. and Pflug, P., *Hyperconvexity and Bergman completeness*, Nagoya Math. J. **151** (1998), 221-225.

[B-C] Branna, D.A. and Clunie, J. G. (Eds.), *Aspects of contemporary complex analysis*, Proceedings of an instructional conference organized by the London mathematical society at the university of Durham, 1979 (a NATO adavanced study institute), Academic Press 1980.

[Ch] Chen, B.-Y., *Bergman completeness of hyperconvex manifolds*, Nagoya Math. J. **175** (2004), 165-170. (1974), 1-65.

[H] Herbort, G.,*The Bergman metric on hyperconvex domains*, Math. Z. **232** (1999), no. 1, 183-196.

[K] Korevaar, J., *Polynomial and rational approximation in the complex domain*, Aspects of contemporary complex analysis (Proc. NATO Adv. Study Inst., Univ. Durham, Durham, 1979), pp. 251-292, Academic Press, London-New York, 1980.

[Oh-1] Ohsawa, T.,*On the Bergman kernel of hyperconvex domains*, Nagoya Math. J. **129** (1993), 43-52.

[Oh-2] ——, *On the extension of L^2 holomorphic functions. III. Negligible weights*, Math. Z. **219** (1995), no. 2, 215-225.

[Oh-3] ——, *Addendum to: "On the Bergman kernel of hyperconvex domains"* [Nagoya Math. J. **129** (1993), 43-52]. Nagoya Math. J. **137** (1995),

145-148.

[Oh-4] ——, *On the extension of L^2 holomorphic functions. IV. A new density concept*, Geometry and analysis on complex manifolds, 157-170, World Sci. Publ., River Edge, NJ, 1994.

[Oh-5] ——, *An essay on the Bergman metric and balanced domains*, Reproducing kernels and their applications (Newark, DE, 1997), 141-148, Int. Soc. Anal. Appl. Comput., **3**, Kluwer Acad. Publ., Dordrecht, 1999.

[Oh-6] 大沢健夫 多変数複素解析 現代数学の展開 1997 岩波書店 (増補版：2018 岩波書店)

[Oh-7] ——, 完全円形領域と *Bergman* 計量 再生核の理論とその応用 研究集会報告集 数理解析研究所講究録 1067 (1998), 65-72.

[Oh-8] ——, リーマン面上の *Bergman* 核と吹田予想 再生核の理論とその応用 研究集会報告集 数理解析研究所講究録 1067 (1998), 89-95.

[Oh-T] Ohsawa, T. and Takegoshi, K., *On the extension of L^2 holomorphic functions*, Math. Z. **195** (1987), no. 2, 197-204.

[S-O] Sario, L. and Oikawa, K., *Capacity functions*, Grundlehren der mathematischen Wissenschaften **149** Springer-Verlag 1969.

[Sp] Seip, K., *Beurling type density theorems in the unit disk*, Invent. Math. **113** (1993), no. 1, 21-39.

[S] Siu, Y.- T., *Some recent results in complex manifold theory related to vanishing theorems for the semipositive case*, Workshop Bonn 1984 (Bonn, 1984), 169-192, Lecture Notes in Math., **1111**, Springer, Berlin, 1985.

[Su-1] Suita, N., *Capacities and kernels on Riemann surfaces*, Arch. Rat. Mech. Anal. **46** (1972), 212-217.

[Su-2] 吹田信之 *Conformal metrics* 数理解析研究所講究録 **323** 函数論における極値問題 1978, pp. 139-153.

[Za] Zarankiewicz, K., *Über ein numerisches Verfahren zur konformen Abbildung zweifach zusammenhähngender Gebiete*, Z. Angew. Math. Mech. **14** (1934), 97-104.

[Z] Zwonek, W., *An example concerning Bergman completeness*, Nagoya Math. J., **164** (2001), 89-101.

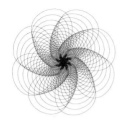

第11話

1. Ligocka さんは美人ですか

どんな難問でも一旦解けてしまうと簡単な別解が見つかるものです. 多変数関数論の場合は Levi 問題がそうでした. Fefferman の定理も例外ではなかったわけですが, S.Bell [*1] と E.Ligocka [*2] が発見した別証 [B-L] は特に簡単で, 強擬凸領域以外にも適用できる方法だったため正則写像論の展開に大きな影響を与えました. この方法で特に衝撃的だったのは, 双正則写像を領域の閉包まで可微分同相へと拡張するために必要となる Bergman 核 $K(z, w)$ の性質が, 次の形まで煎じ詰められたことでした.

写像

$$P : L^2(D) \ni f \longmapsto \int_D f(w) K(z, w) \in L^2(D)$$

は $P(C_0^\infty(D)) \subset C^\infty(\overline{D})$ をみたす [*3].

[*1] Steve Bell (1954-)

[*2] Eva Ligocka (1947-)

[*3] $C_0^\infty(D)$ は D 上 C^∞ 級の $\mathbb{C}$ 値関数の集合, $C^\infty(\overline{D})$ は $\overline{D}$ 上の C^∞ 級関数の集合を表す.

　二人は 1991 年度の Bergman 賞を受賞していますが，[B-L] が出た 1980 年には西欧と東欧の行き来はあまり盛んではなく，Ligocka 氏が当時 33 歳のポーランドの女性であったことから，日本でも人物像に関心を持つ人が多かったと思われます．

　そんな頃ですが，1982 年の春，ポーランドからクラクフ大学[*4] の J.Siciak[*5] 教授が日本学術振興会の招きで来日し，上智大学に滞在しました[*6]．合間に京大数理研でも講演し，それは筆者にも分かる話題だったので質問をしました．その時の受け答えから「凛とした数学者」という印象を受けました．終了後，Siciak を囲む宴会がありました．料理が水炊きだったかしゃぶしゃぶだったかは不確かですが，その席で「Ligocka さんは美人ですか」という質問が飛び出したことはよく覚えています．「見る人の趣味による」という Siciak の答えも覚えていますが，1989 年に米国であった研究集会で Ligocka の講演に出席したとき，Siciak の言葉が当を得ていたことに感心しました．Ligocka はワルシャワ大学出身ですがクラクフで学位を取っており，多変数関数論の研究を始めたのは Siciak の影響です．Banach からはひ孫弟子にあたり，23 歳で既にワルシャワ大学で職を得ています．2005 年にポーランド南部で研究集会があり，筆者は帰りの列車でワルシャワまで Ligocka と同行しました．その時は失礼がないようにと特に気を付けながら話をしましたが，緊張しすぎたせいか別れ際に「今日は疲

[*4] Jagiellonian university

[*5] Józef Siciak（1931-2017）

[*6] 名著 [S-1] をふまえた講義録 [S-2] を残した．

れた」と言われてしまいました．しかしその数年後に会った
とき，Ligocka の力強い講演後つい馴れ馴れしく「あなたのよ
うな強い女性を見ると，中学生の時に東京オリンピックの映
画で見た Tamara Press [7] を思い出します．」と言ったところ，
「私はそんなに強くありませんよ．」とたしなめられました．

　1982 年にはワルシャワで ICM が開かれる予定でしたが，
ポーランドの政情不安定のため翌年に延期になりました．ま
る 1 年の戒厳令が敷かれた中，Siciak は二か月間を日本で過
ごしたことになります．後で聞いた話ですが，この時 Siciak
は数理研の荒木教授 [8] 宛てに，ICM への招待状を持参したの
でした．1983 年の ICM の Fields 賞受賞者は A. Connes, W.
Thurston, S.-T. Yau の 3 名ですが，Siciak が来日したときに
はもう受賞者は絞り込まれていたのかもしれません．ちなみ
に，この ICM では Siu は [S-Y] の紹介で始まる基調講演を
しています．Koebe の一意化定理の高次元化の現状について
の素晴らしい総合報告で，聴講した佐藤幹夫氏と佐藤泰子氏
が称賛しています [9]．このとき Siu は 40 才でしたので，もし
予定通り 1982 年に ICM が開かれていれば Siu も Fields 賞を
受賞していたのかもしれません．

---

[7] Tamara Press (1937-) 1964 年に東京オリンピックの円盤投げと砲丸投げ
で金メダルを獲得．
[8] 荒木不二洋 (1932-) 翌年の ICM で Fields 賞受賞者 A.Connes の業績紹介
をした．
[9] cf. [S-S]

2. レースの顛末

Bergman 核に戻りますと，吹田論文 [Su] で予想された Riemann 面上の不等式 $\pi K(z, z) \geqq c_\beta(z)^2$ は，平面領域に対しては Błocki 氏の論文 [B-3] で，一般の Riemann 面上では等号条件もこめて Guan Qi'an（関啓安）氏と Zhou Xiangyu（周向宇）氏の論文 [G-Z-1,2] で確立されました．これは [Oh-1] で示された不等式 $750\pi K(z, z) \geqq c_\beta(z)^2$ が改良された結果だったわけですが，その過程で複素幾何における Bergman 核の新たな側面が浮かび上がってきました．今にして思えば [Oh-1] は吹田予想の終わりの始まりで，それにとどめを刺した [B-3] と [G-Z-1,2] から新たな展開が始まりました．吹田先生は残念ながら 2002 年に他界されましたが，1997 年の研究集会の帰りのバスの中で [Oh-1] のことをお伝えしたところいたく喜ばれ，その後の二つの講演の中で改めて吹田予想の背景を詳しく説明されました（cf. [Su-1,2]）．それも含めて吹田予想解決の経緯を振り返ってみると，そこには技術的な進歩以上の何かが関わっているように思います．端的には一つの因縁話ですが，まず [B-3] にまつわる話から始めましょう．

Błocki は Siciak の最後の弟子にあたります．筆者に [Oh-1] について問い合わせてきた Zwonek は一つ違いですがやはり Siciak の弟子です．Siciak は教育者としても立派であったことがポーランド数学会紀要の Siciak 記念号の献辞 [C] に書かれていますが，クラクフに強力な多変数関数論の研究グ

ループを残しました[*10]. Siciak は 1960 年から 1961 年にかけ
てスタンフォード大学に研究員として滞在していますから，
小平先生や Hörmander と同様，Bergman から何らかの洗礼
を受けているのではないかと思います．筆者が本人から聞い
た限りでは，主に Schiffer と議論をし，Bergman は時折遠慮
がちに話に加わる程度だったそうですが.

Błocki は最初複素 Monge-Ampère 作用素を研究していま
したが，[B-P] を書いたころから Chen（陳伯勇）の論文 [Ch-
1,2] の影響もあって吹田予想に特別な興味を持ち始めました.
2004 年に松江で開かれた研究集会では Bergman 核とポテン
シャル論に関するサーベイをし，報告集に出た論文 [B-1] の
中で Berndtsson が $6\pi K(z,z) \geq c_\beta(z)^2$ を示したことを紹介し
ています．その時筆者には喫茶店で次の結果を教えてくれま
した.

定理 1（cf. [B-2]）

　任意の領域 $D \subset \mathbb{C}$ に対して $2\pi K(z,z) \geq c_\beta(z)^2$ $(z \in D)$.

　証明は Green 関数と負荷関数付きの Bergman 核との比較
による Berndtsson の方法で，馬力で 6 を 2 に下げたという

[*10] 2014 年度の Bergman 賞を筆者と共に受賞した S. Kołodziej（1961- ）も
Siciak 一門.

ことです[*11]. 山田 陽[*12] 氏や酒井 良[*13] 氏もこの結果に興味を持ち, Błocki と議論をしていました.

筆者は 2007 年の 3 月にクラクフで集中講義をしましたが, その時 Błocki はやる気を失いかけていました. 周囲から「その式の 2π を π にすることの意味が分からない」と軽んじられたと言うのです. 筆者は寺田寅彦をもじった「天才は忘れたころにやってくる」を言い換えて「ベストな結果の価値はすぐには分からない」と答えるのがやっとでした.

とはいえ [Oh-T] の改良に伴って, 吹田予想を追い詰める努力は少しずつ実を結んで来たわけですが, 2011 年に二つの新たな動きがありました. 最初は Chen が 5 月に arXiv に上げた [Ch-3] で, [Oh-T] の L^2 拡張定理が Hörmander のテキスト [Hm] に書かれた方法だけで示せるという内容でした. これと同様の趣旨で同じころ独立に書かれた安達謙三氏の論文 [A-1] がありますが, これがある雑誌に最初に投稿されたとき「別証にすぎない」という理由で却下されました. 他の雑誌に投稿された [Ch-3] も同様の理由により却下されました. Błocki が教えてくれたその査読者の名は書けませんが, 査読意見は論文本体よりも長かったそうです. もう一つは 7 月に

[*11] [B-2] の序文には Chen [Ch-2] が $a + \log a = 0$ の解 a と $\alpha = 2(1+\sqrt{5})e^{a+1-\sqrt{5}}$ に対し $\alpha\pi K(z,z) \geq c_\beta(z)^2$ $(\alpha \approx 3.3155)$ を示したことが書かれている.

[*12] 1950-. 複連結な Riemann 面上の Bergman 核 $K(z,w)$ の零点に関する論文 [Su-Y] で有名.

[*13] 1943-2009. $\mathbb{C}$ 内の領域 D の閉集合 E に対し "E が局所的に極状 (劣調和関数 $(\not\equiv -\infty)$ の $-\infty$ 値集合に含まれる)" $\Longleftrightarrow$ "$\mathcal{O} \cap L^2(D) = \mathcal{O} \cap L^2(D\backslash E)$" を示したことが [S-1] で言及されている.

出た Guan-Zhou-Zhu [*14] [G-Z-Z] [*15] で，主定理の系として

$$C\pi K(z,z) \geqq c_\beta(z)^2, \quad C < 1.954$$

が示されていました．[G-Z-Z] の新しい点は，不等式の係数を改良するために L^2 拡張定理の別証明を工夫するのではなく，証明に使われるカットオフ関数を最適化するために常微分方程式を立て，その近似解から 1.954 をひねり出している点でした．

[Ch-3] と [G-Z-Z] を知った Błocki は Chen の新証明からのアプローチを試みましたが，2011 年 10 月に群馬県の山中 [*16] で開かれた研究会では，その方法では数値の改良はできなかったと報告しました．しかし夫人と弟子の S.Dinew 氏を伴って研究会に乗り込んだ Błocki の意気込みは本物で，帰国後しばらくしてから吹田予想を常微分方程式に帰着し，計算機で

$$C\pi K(z,z) \geqq c_\beta(z)^2, \quad C \leqq 1.007$$

を確かめたというメールをくれました．ポイントは補助的な負荷関数の導入で，連立微分方程式は負荷とカットオフの連動効果による不等式の最良化条件でした．これは二元連立常微分方程式で Błocki は厳密解を求めるために悪戦苦闘したようですが，4 月の初めにはそれに成功し，Hörmander と筆者を含む 58 名に，$\pi K(z,z) \geqq c_\beta(z)^2$ が平面領域に対して成立することを証明した [B-3] のファイルが届けられました．[B-3] の主定理は次の通りです．

[*14]　Zhu=Zhu Lanfeng（朱朗峰）

[*15]　投稿日は 2011 年 1 月 13 日

[*16]　東京大学玉原国際セミナーハウス

定理2 Ω を $\mathbb{C}$ 内の領域で原点を含むものとし, D を $\mathbb{C}^{n-1} \times \Omega$ 内の擬凸領域とする. このとき $D' := D \cap \{z_n = 0\}$, $\varphi \in PSH(D)$, $f \in \mathcal{O}(D')$ に対して f の D への正則な拡張 f で

$$\int_D e^{-\varphi} |F|^2 \leq \frac{\pi}{(c_{\beta,\Omega}(0))^2} \int_{D'} e^{-\varphi} |f|^2$$

をみたすものが存在する. ただし $c_{\beta,\Omega}$ は Ω 上の対数容量とする.

証明は Chen [Ch-3] の方法をベースにするものでした.

定理2に対して Hörmander 先生のコメントがあったかどうかはともかく, ファイルの送付先に [G-Z-Z] の著者たちが含まれていないことが気になりましたが, それは Guan と Zhou も既にゴール近くにいたことを暗示しています. 実際, 定理1の複素多様体版を示した [G-Z-1] の受付日は同年の7月4日になっています. これが掲載されたフランス数学会の速報誌の掲載基準は「証明のないものはそれを含む本体論文が既に掲載決定を得ていること」という厳しいもので, [G-Z-1] では最良評価付きの L^2 拡張定理が証明され, その系として「任意の Riemann 面上で $\pi K(z,z) \geq c_\beta(z)^2$」という注意が書かれているだけです. [B-3] はプレプリントとして引用されていますが, [G-Z-1] を見た Błocki は穏やかならざるものがあったようです. 筆者も後にこの最良評価付きの L^2 拡張定理の別証を [Oh-3,4] に書きましたが, ポイントはやはり補助的な負荷関数で, 筆者が見るところ, このアイディアの先着権は Błocki にあるようです. ただしこの負荷関数の働きは [Oh-

T] の方法をベースにした方が見やすく，常微分方程式の厳密解を求める部分でも Guan たちの寄与があったことは確かなようです．とにかくこの後しばらくは，研究集会で Błocki に会うたびに [B-3] の [G-Z-1] に対する優位性を強調されました．しかしある時 Błocki はポツリと "Perhaps I was too addicted to the Suita conjecture." と言い，以後はそのことにはふれなくなりました．

　ということで，この辺で Guan 氏と Zhou 氏の話に移りたいと思います．Guan は Zhou の弟子で，この仕事が認められて北京大学の当時最年少の教授になりました．筆者と Zhou との初対面は 1989 年 7 月初旬で，場所はゲッチンゲン大学の数学教室でした．それは筆者が Todorov と同じアパートに寄宿していた時で，ドイツの新聞が一面で中国の政治指導者を非難した時期[*17]でした．Zhou は Todorov や筆者と同様，Grauert に招かれて来たのでしたが，モスクワから来たのだと言いました．その時の英会話は結構大変で，あと何を話したかは全く覚えていませんが，今回念のためにネットで調べると，Zhou はその後モスクワ大学で最上級の学位[*18]を取得しています．次に会ったのは 2001 年の北京でした．この時筆者は復旦大学から招かれて上海に行ったのですが[*19]，着いてから北京にも行ってくれと言われ，Zhou に会いに行きました．英語が格段に上達した Zhou に伴われて中国科学院に行くと，Lu Qi-Keng 先生が待っていました．Zhou が Lu 先生の弟子

[*17]　1989 年 6 月 4 日に天安門事件が起きた．

[*18]　доктор наук（ドクトル ナウーク）：通常の博士号（Ph.D）よりワンランク上

[*19]　この時に Chen を紹介された．

であることはその時知りました．Lu 先生にはそれまでに何回かお目にかかったことがありました[20]．

中国科学院のセミナーでは L^2 割算定理の話（cf. [Oh-2]）をしました．その後，Zhou に連れられて紫禁城などを見学し，合間に Zhou が群の作用で不変な関数の拡張問題に取り組んでいることを聞きました．これは物理学に由来する問題でした[21]．複雑な思いで，天安門広場で Zhou の写真を撮りました．ちなみに，Chen にはこの時に上海で初めて会いました．

3．吹田予想解決の余波

[G-Z-1] の本体と言うべき [G-Z-2] は大論文で，この中で吹田予想は等号条件もこめて完全に解決され，同時に筆者らが積み上げてきた L^2 拡張理論のほとんどすべてが最良評価付きのものに置き換えられてしまいました[22]．その上，ここではその結果として Bergman 核への目を見張るべき応用が与えられていました．それを定理 2 の応用の形で言えば次の通りです．

---

[20] 1990 年の ICM で京都に見えたときは中野先生と一緒にお会いし，中国ではこれから数理物理を盛り上げたいというお話を聴いた．

[21] Zhou はこれに関する主要な問題を解決し，2002 年に北京で開かれた ICM で招待講演 [Z] を行った．

[22] [G-Z-2] の方法の解説が [A-2] にある．

定理3　D を定理 2 の通りとし，$D_t := D \cap \{z_n = t\}$ $(t \in \Omega)$ とおく．このとき D_t 上の Bergman 核を $K_t(z, w)$ $(z, w \in D_t)$ とすれば $\log K_t(z, z) \in PSH(D)$ である．

　幾何の言葉で言えば，これは解析族 $D \to \Omega$ に付随する D 上の相対標準束が半正であることを意味する命題です．定理 3 自身は $n = 2$ の場合に米谷文男氏と山口博史氏の共著論文 [M-Y] で Schiffer の公式を用いた計算により確立され，Berndtsson 氏の論文 [Bnd-1] で負荷付き Bergman 核の巧妙な解析により一般次元に拡張されていました[23]．

　[B-3] と [G-Z-2] を筆者はプレプリントの形で読んだのですが，[B-3] は [Ch-3] を用いているため [Oh-T] の著者としては抵抗があり，[G-Z-2] は定式化があまりにも一般的なので読みづらく，これらをヒントに別証明を考え始めました．それが 2013 年の秋でしたが，紆余曲折の後 [Oh-3] と [Oh-4] にその証明を書きました．自分としては，これで自前の証明ができたので一段落のつもりでした．ところが 2014 年の夏，韓国の研究集会で Błocki の口から衝撃的な知らせを受けました．何と，定理 3 から逆に吹田予想（ただし等号条件以外）の別証明が得られ，さらにその議論を一般化すれば最良評価付きの L^2 拡張定理も[24] 証明できるというのです．

---

[23] [Bnd-1] では定理 3 にもう一つの証明が与えられ，[Brd-2] で詳しく解説されている．Berndtsson はさらに Hössjer [H] が $n = 1$ かつ D_t が単連結の場合に定理 3 を示していたことを指摘した．[H] はスウェーデンで最初の多変数関数論の論文だそうである．

[24] よって特に定理 2 も

この新しい展開の口火を切ったのは Lempert[*25] でした. Lempert のアイディアは, Riemann 面 Ω とその一点 p に対し, 半平面 $\mathbb{H} := \{t \in \mathbb{C}; \operatorname{Re} t > 0\}$ 上の族 Ω_t を $\cup_{t \in \mathbb{H}} \Omega_t$ が擬凸になるように, かつ $t \to -\infty$ なら $\Omega_t \to \Omega$ で $t \to 0$ なら $\Omega_t \to p$ となるように作り, Ω_t 上の Bergman 核の対数の t に関する劣調和性を利用するものでした. この証明は始まってしまえばあっという間に終わり, Błocki が論文 [B-4] の序文中に書いてしまえるほど短いものでした.

このアイディアを発展させて, Berndtsson と Lempert は共著論文 [Bnd-L] で最良評価付きの L^2 拡張定理を [B-3] や [G-Z-1,2] とは全く異なる方法で示しました. これにより結局, 吹田予想や最良評価付きの L^2 拡張定理という真理の本質は, 負荷関数や常微分方程式のトリッキーな解析から標準束の幾何へと見事に変容したのです. ちなみに, [Bnd-L] は 2016 年度の JMSJ (日本数学会誌) 論文賞を受賞しました.

このように, 定理 3 を新たな起点として多変数関数論と複素幾何が新しい方向に動きつつありますが, L^2 拡張定理と吹田予想から離れたところでも Bergman 核の研究は微分幾何や代数幾何と関連しながら多方面に展開しています. 次回はその様子を眺めながら, 複素解析のこの小景の幕を閉じたいと思います.

▨▨▨ **参考文献** ▨▨▨▨▨

[*25] Lázló Lempert (1952–) ハンガリー出身の米国の数学者. 凸領域上の小林計量の研究などで有名.

[A-1] Adachi, K., *An elementary proof of the Ohsawa-Takegoshi extension theorem*, Math. J. Ibaraki Univ. **45** (2013), 33–51.

[A-2] 安達謙三 **多変数複素解析入門** 開成出版 2016.

[B-L] Bell, S. and Ligocka, E., *A simplification and extension of Fefferman's theorem on biholomorphic mappings*, Invent. Math. **57** (1980), no. 3, 283–289.

[Bnd-1] Berndtsson, B., *Subharmonicity properties of the Bergman kernel and some other functions associated to pseudoconvex domains*, Ann. Inst. Fourier (Grenoble) **56** (2006), no. 6, 1633–1662.

[Bnd-2] ——, *Complex Brunn-Minkowski theory and positivity of vector bundles*, Proceedings of the International Congress of Mathematicians— Rio de Janeiro 2018. Vol. II. Invited lectures, 859–884, World Sci. Publ., Hackensack, NJ, 2018

[Bnd-L] Berndtsson, B. and Lempert, L., *A proof of the Ohsawa-Takegoshi theorem with sharp estimates*, J. Math. Soc. Japan **68** (2016), no. 4, 1461–1472.

[B-1] Błocki, Z., *The Bergman kernel and pluripotential theory*, Potential theory in Matsue, Adv. Stud. Pure Math., **44**, Math. Soc. Japan, Tokyo, 2006, pp. 1-9.

[B-2] ——, *Some estimates for the Bergman kernel and metric in terms of logarithmic capacity*, Nagoya Math. J. **185** (2007), 143–150.

[B-3] ——, *Suita conjecture and the Ohsawa-Takegoshi extension theorem*, Invent. Math. **193** (2013), no. 1, 149-158.

[B-4] ——, *Bergman kernel and pluripotential theory*, Analysis, complex geometry, and mathematical physics: in honor of Duong H. Phong, 1–10, Contemp. Math., **644**, Amer. Math. Soc., Providence, RI, 2015.

[B-P] Błocki, Z. and Pflug, P., *Hyperconvexity and Bergman completeness*, Nagoya Math. J. **151** (1998), 221–225.

[Ch-1] Chen, B.-Y., *Completeness of the Bergman metric on non-smooth pseudoconvex domains*, Ann. Polon. Math. **71** (1999), no. 3, 241–251.

[Ch-2] ——, *A remark on an extension theorem of Ohsawa*, (Chinese) Chinese Ann. Math. Ser. A **24** (2003), no. 1, 129–134; translation in

Chinese J. Contemp. Math. 24 (2003), no. 1, 97-104.

[Ch-3] ——, *A simple proof of the Ohsawa-Takegoshi extension theorem*, arXiv: 1105.2430 v 1 [math.CV]

[C] Ciesielski, K., *Professor Józef Siciak--a scholar and educator*, Ann. Polon. Math. **80** (2003), 1-15.

[G-Z-1] Guan Q.- A. and Zhou, X.-Y., *Optimal constant problem in the L^2 extension theorem*, C. R. Math. Acad. Sci. Paris Ser I, **350** (2012), 753-756.

[G-Z-2] ——, *A solution of an L^2 extension problem with an optimal estimate and applications*, Ann. of Math. (2), **181** (3) (2015), 1139-1208.

[G-Z-Z] Guan, Q.-A., Zhou, X.-Y. and Zhu, L.-F., *On the Ohsawa-Takegoshi L^2 extension theorem and the twisted Bochner--Kodaira identity*, C. R. Math. Acad. Sci. Paris **349** (2011), no. 13-14, 797-800.

[Hm] Hörmander, L., *An introduction to complex analysis in several variables*, D. Van Nostrand Co., Inc., Princeton, N.J.-Toronto, Ont.-London 1966 x + 208 pp.

[H] Hössjer, G., *Über die konforme Abbildung eines veränderlichen Bereiches*, Trans. Chalmers Univ. Tech. Gothenburg [Chalmers Tekniska Högskolas Handlingar] 1942 (1942), no. 10, 15 pp.

[M-Y] Maitani, F. and Yamaguchi, H., *Variation of Bergman metrics on Riemann surfaces*, Math. Ann. **330** (2004), no. 3, 477-489.

[Oh-1] Ohsawa, T., *Addendum to: "On the Bergman kernel of hyperconvex domains"* [Nagoya Math. J. **129** (1993), 43-52]. Nagoya Math. J. **137** (1995), 145-148.

[Oh-2] ——, *Generalization of a precise L^2 division theorem*, Complex analysis in several variables-—Memorial Conference of Kiyoshi Oka's Centennial Birthday, 249-—261, Adv. Stud. Pure Math., **42**, Math. Soc. Japan, Tokyo, 2004.

[Oh-3] ——, *On the extension of L^2 holomorphic functions VIII--a remark on a theorem of Guan and Zhou*, Internat. J. Math. **28** (2017), no. 9,

1740005, 12 pp.

[Oh-4] ——, L^2 *approaches in several complex variables. Towards the Oka-Cartan theory with precise bounds*, Second edition of [MR 3443603]. Springer Monographs in Mathematics. Springer, Tokyo, 2018. xi+258 pp.

[Oh-T] Ohsawa, T. and Takegoshi, K., *On the extension of L^2 holomorphic functions*, Math. Z. **195** (1987), no. 2, 197-204.

[S-S] 佐藤幹夫・佐藤泰子 **ワルシャワ・コングレス印象記** 数学 1984 年 36 巻 1 号 pp 1-5.

[S-1] Siciak, J., *On removable singularities of L^2 holomorphic functions of several complex variables*, Prace matematyczno-fizyezne Wyzsza Szkota Inzynierska w Radomiu, 1982. pp-73-81.

[S-2] ——, *Extremal plurisubharmonic functions in $\mathbb{C}^n$*, Ann. Polon. Math. **39** (1981), 175-211.

[S-3] ——, *Extremal Plurisubharmonic Functions and Capacities in $\mathbb{C}^n$*, 上智大学数学講究録 **14** (1982) 97 頁.

[S] Siu, Y.-T., *Some recent developments in complex differential geometry*, Proceedings of the International Congress of Mathematicians, Vol. 1, 2 (Warsaw, 1983), 287-297, PWN, Warsaw, 1984.

[S-Y] Siu, Y.-T. and Yau, S.-T., *Complete Kähler manifolds with nonpositive curvature of faster than quadratic decay*, Ann. of Math. (2) **105** (1977), no. 2, 225-264.

[Su-1] Suita, N., *Capacities and kernels on Riemann surfaces*, Arch. Rational Mech. Anal. **46** (1972), 212-217.

[Su-2] 吹田信之 **等角不変量について** https://doi.org/10.11429/emath1996.1998.Autumn-Meeting1 48

[Su-3] Suita, N., *Some problems on conformal invariants*, Proceedings of the Japan-Korea Joint Wirkshop in Mahtematics 2001 edited by Makoto Masumoto Dept. Math. Sci. Yamaguchi Univ. 2002. pp. 141

[Su-Y] Suita, N. and Yamada, A.,*On the Lu Qi-keng conjecture*, Proc. Amer. Math. Soc. **59** (1976), no. 2, 222-224.

[Z] Zhou, X.-Y., *Some results related to group actions in several complex variables*, Proceedings of the International Congress of Mathematicians, Vol. II (Beijing, 2002), 743-753, Higher Ed. Press, Beijing, 2002.

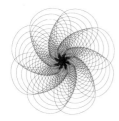

第 12 話

1. サマーセミナーとその継承

　吹田予想と Levi 問題は解決にそれぞれ約 40 年を要したわけですが，Levi 問題のときと同様吹田予想にも簡単な解が見つかり，そこを新たな起点とする研究が進行中です．しかしそれらをまとめて述べるにはまだ早すぎるかもしれないので，今回は Bergman 核に関わるそれ以外の研究を最前線の近くから拾ってみましょう．

　2005 年の 12 月 12 日から 16 日まで，京都大学の RIMS (Research Institute for Mathematical Sciences 数理解析研究所) で "Analytic Geometry of the Bergman Kernel and Related Topics（ベルグマン核の解析幾何とその周辺）" という研究集会（以下では「B 05」と略す）があり，それに続けて 18 日から 21 日まで，葉山の湘南国際村センターで "Hayama Symposium on Complex Analysis in Several Variables（多変数複素解析葉山シンポジウム）" が開かれました．B 05 の出席者のうち 20 名が葉山シンポジウムにも参加しました．Bergman 核の多岐にわたる研究の現状報告をこれらの研究集会に即して試みたいのですが，本題に入る前に，岡潔以後の

日本の多変数関数論の研究がこのような集会にまでつながっ
た経緯を手短に述べておきたいと思います.

　Grauert が学位論文 [G] で Hopf らを驚かせたのは 1954 年
の MFO [*1] 研究会でしたが, 日本でこれに相当するのは 1962
年に酒井榮一 [*2] 教授 (金沢大) らが 23 名で立ち上げた「多変
数関数論サマーセミナー」(= サマーセミナー) です. これは
年を追うごとに出席者が増え, 1977 年には 100 名を越えまし
た. 核になる参加者は数十名でしたが, 1990 年に京都で ICM
が開かれたころから定期的に国際研究集会を開こうという機
運が起こり, 野口潤次郎教授 (東大) を中心として 1995 年か
らほぼ毎年葉山シンポジウムが開かれてきました. 現在はこ
れが日本での多変数関数論のメインの研究集会になっており,
国際的及び学際的な交流の場にもなっています [*3].

　サマーセミナー設立の当事者の一人である河合良一郎 [*4]
先生 (京都大) からお聞きした話では, その頃は Grauert と
Remmert の活躍が目覚ましく, さすがの岡潔も「これではう
ちのひよこたちが死んでしまう」と弱音を吐いたほどだった
そうですが, 実際にはそんなことはなく, 岡の門弟たちはサ
マーセミナーを続けながら立派な成果を挙げて次世代へと研
究を継承していきました. 「私は岡先生のセミナー [*5] の雑用
係で [*6]」と謙遜された河合先生にしても, Grauert と Remmert

[*1] Mathematisches Forschungsinstitut Oberwolfach (第 5 話で既出)
[*2] 1918-2002. 当時の日本の研究事情は [Sk] に詳しい.
[*3] サマーセミナーは冬セミナーと名を変えて 12 月に開かれている.
[*4] 1926-2014. 岡潔の恩師である河合十太郎の孫
[*5] 岡は奈良女子大教授の傍ら京都大学で週に一回研究セミナーをしていた.
[*6] cf. [K-2-3]

の有名な定理に Bergman 核を用いる別証明を与えた仕事があ
ります（cf. ［K-1］[*7]）. 河合先生は最初微分方程式論で有名
な岡村博教授の指導を受けていましたが, 岡村教授とともに
数論へと方向転換し, 手紙で数論の大家である Siegel にも指
導を仰いでいました. Siegel が岡潔に会いに船旅をして来日
したときは港まで出迎え, そのとき Siegel に「K.OKA とは
Bourbaki のような数学者集団の名前だと思っていた.」という
言葉をもらっています[*8]. ちなみに, Siegel は Bergman 計量
が完備な $\mathbb{C}^n$ の領域が正則領域であることを指摘しています.

　1960 年, インドの Tata 研究所で国際研究集会があった
とき, Cartan や Grauert らに交じって河合先生と倉西先生
が出席されました. 河合先生は Grauert と毎日ホテルで朝食
をともにしましたが, その時 Grauert は「私が今日あるのは
岡先生のおかげです.」と語ったそうです. 時は流れて 2013
年, ゲッチンゲン大学で Grauert の追悼研究集会があり, 夕
食会で筆者はシカゴ大学の R.Narasimhan[*9] 教授と同席しま
した. Narasimhan は Grauert の長年の友人の一人で, 岡の
論文集を英訳して Cartan のコメントを付けて出版したことで
も知られています. そのときの会話の中で河合先生に聞いた
Grauert のこの言葉を紹介したところ,「Grauert からは少な
くとも二度, 岡の論文は読んだことがないと聞かされた.」と
言われて驚きました. 実はこのようなことは Grauert に限ら
ず, 岡理論の, 特に不定域イデアルの理論は, 連接層のコホ

[*7] この論文にはやや不完全な点があったが, 後に Grauert の弟子の G.-E.
Dethloff ［D］が L^2 評価の方法で完成させた.

[*8] ［K-3］

[*9] Raghavan Narasimhan 1937 - 2015

モロジーへと Cartan が言い換えた形で [C-1, 2, 3] によって
広まったのです．その意味で西野先生の著書 [N-3] は多変
数関数論の基礎が岡潔流のスタイルで書かれており，貴重で
す．[N-3] の内容は岡の指導で書かれた学位論文 [N-1] ま
でで，その後の [N-2] が山口博史氏の研究 [Yg] を経て今世
紀になってから Bergman 核の新たな breakthrough につなが
りました＊10．Berndtsson と Lempert の仕事 [B-L] はその結
果だったわけですから，改めて岡の視点の高さに敬意を表し
たくなります．蛇足ながら，Grauert の学位論文に触発されて
[Oh-1] が Bergman 核につながったことは既に述べた通りで
す．

2．新たな可能性

　B05 の開催準備は前年の春に始まりました．これを
Bergman 核を中心とした国際研究集会として，かつ 12 月
に開催予定の葉山シンポジウムの前座的なものとして開こ
うということで筆者を含む数名が一致したのでした．これを
RIMS で開くことにした理由の一つは，その数年前に若手向
けの研究会を RIMS で行ったとき外国からも参加希望者が
あったことです．

　RIMS 研究会の報告集は 1960 年の第 1 号以来 2000 号を越
えていますが，2004 年までの集会のうち，タイトルに再生核
が含まれるものは斎藤三郎氏の [St-1,2] だけです．しかし

＊10 [N-1] と [N-2] の間の研究状況の一端が「朝日ジャーナル」（1965 年
Vol. 7 No. 31 先進後進）から窺うことができる.

内容がBergman核に関連するものは，その他に吹田先生に
よる［Su-1,2］と小松玄氏の［Km］がありました．赤堀隆夫
氏の［A］もKohn理論や倉西理論を通じてBergman核と関
わっています．［St-1,2］，［Km］および［A］は1996年から
2003年の間に行われていますが，筆者はそのすべてに参加し
ました．［Km］に先立つ研究集会[*11]のときには雑用係として
Feffermanを駅まで迎えに行っています．その時のFefferman
の「量子力学におけるBergman核」と題された講演では，一
定の領域に含まれる電子の個数をBergman核の積分で評価
し，その観点からBergman核の解析を一般化していました
（cf.［F］）．このように，Bergman核に対する興味の視点は次
第に変化していました．そんなところへ，2003年にモントリ
オールで開かれた分野横断的な研究集会では，Bergman核の
漸近挙動と標準的な計量の存在問題や特異点解消の理論との
関連が中心的な話題となりました．それで「ボンヤリしてはい
られない」と思うと同時に「この方向に何か面白いことがあり
そうだ」というわけで，B05を立ち上げることになりました．
葉山とつなげたのは海外からの参加者の滞在日程に余裕を持
たせるのが主目的でしたが，分野の広がりを意識したことも
当然です．

3．ベルンソンが証明しています

B05の世話役兼雑用係としては開催までに気をもむこ

[*11] 谷口シンポジウム

ともありましたが, 2005 年の 5 月に辻元氏に教えられて
Berndtsson が arXiv に上げた論文 [Bnd] を見たときは研究
集会の成功を確信できました. そこでは $\mathbb{D}$ 上の Stein 族に付
随する Bergman 核の族の対数的多重劣調和性 (第 11 話の定
理 3) が示されていたからです. 前年にはその原型をファイ
バー次元が 1 の場合に示した米谷・山口の論文 [M-Y] が出
たばかりでしたので,「もう高次元化ができたのか」と意外に思
いました. これに追い打ちをかけるように, 11 月の arXiv には
[Bnd] の結果を次のように拡げた辻の論文 [T-2] が出ました.

定理 1　$f: X \to S$ をコンパクトな複素多様体の解析的な
変形族で^{*12}, 各ファイバーの近傍が射影空間に埋め込める
ものとし, $L \to X$ を直線束とする. L が半正曲率を持つ
特異ファイバー計量^{*13} h を持つとき, $X_s := f^{-1}(s)$ 上の
$L|_{X_s}$ を係数とする h に関する Bergman 核を K_s とすれ
ば, 直線束 $\omega_X \otimes f^* \omega_S^{-1} \otimes L$ の^{*14} 特異ファイバー計量とし
て K_s^{-1} は半正曲率を持つ.

　定理 1 の証明は [Bnd] をふまえていますが, X を直積
$X \times \mathbb{D}$ に埋め込んで像の近傍に Berndtsson の結果を適用する

---

^{*12} すなわち f はプロパーな正則写像であり, X は可微分多様体として f に
より S 上のファイバー束であり

^{*13} 局所的に $ae^{-\varphi}$ (a は正値 C^∞ 級で $\varphi \in PSH$) の形の特異性を許した
ファイバー計量を特異ファイバー計量という. 特異ファイバー計量が局所的に
$e^{-\varphi}$ ($\varphi \in PSH$) の形なら半正曲率を持つという.

^{*14} ω_X, ω_S はそれぞれ X, S の標準直線束を表す.

という独自の工夫がなされています.

特異ファイバー計量は Hörmander の L^2 評価式では $e^{-\varphi}$ に相当しますが, コンパクトな多様体上の直線束のファイバー計量に特異性を許した $L^2\bar{\partial}$ コホモロジーが表立って現れたのは A.Nadel [Nd-1] の消滅定理が最初です. Nadel は Kähler-Einstein 計量という, 自身の曲率に比例する計量を構成するための近似列の解析にこれを応用したのでした. 古典的な小平の消滅定理は, n 次元コンパクト複素多様体 M 上の直線束 B が曲率が正のファイバー計量を持つとき $H^{n,q}(M, B) = 0$ $(q \geq 1)$ を言うものでしたが, Nadel の消滅定理は B が正曲率の特異ファイバー計量 h を持つときに $H^q(M, \omega_h \otimes B) = 0$ $(q \geq 1)$ が成り立つという主張です[*15]. 証明は小平消滅定理の精密化によりますが, [Hm] における擬凸領域上の解析と同様です. この種の精密化は代数幾何でも使われていましたが, それと Nadel の消滅定理とのつながりが J.-P. Demailly [Dm] によって指摘され, その後, 辻 [T-1] や Siu [S] によって多重種数の変形不変性の問題が好適な特異ファイバー計量の構成に帰着されるなどしたので, 特異ファイバー計量は複素幾何で最重要な概念の一つになりました. Nadel も B05 で講演してもらいたかった人ですが, [Nd-2] を最後に引退してしまったのは残念です.

ところで, 辻は後に複素多様体論の講義録 [T-3] を著しました. その主要な目次は

[*15] ω_h は $h = ae^{-\varphi}$ の特異性 $e^{-\varphi}$ に付随する正則 n 形式の集合 $\{f dz_1 \wedge \cdots \wedge dz_n ;$ $f \in \mathcal{O}(U)$ かつ $\int_U e^{-\varphi} |f|^2 < \infty\}$ (U は M の座標近傍で $(z_1, \cdots, z_n)$ は局所座標) に付随する層を表す.

　　多変数関数論からの準備／複素多様体／層のコホモロジー
　　理論／解析空間／ドルボー複体と層係数コホモロジー／交
　　叉理論／エルミート接続，線形系，リーマン・ロッホの定
　　理／調和積分論／小平 - 中野消滅定理／ホッジ理論／代
　　数曲線／ベルグマン核／複素多様体の変形／ケーラー・ア
　　インシュタイン計量／他

であり，古典的な複素多様体論の話題と並んで Wells や小林
のテキストにはなかった Bergman 核が入っています．中でも
Berndtsson 理論の周辺には特に気合が入ったようで，意外な
所で反響を呼びました．2014 年に出版された SF 小説 [Ym]
の一節で，次のように突如として Bergman 核が登場したので
す[16]．

　　タキオンは時間を逆行することが可能である．もしそんな
ものが存在したら，過去に情報を伝達することができ，因果
律が成り立たなくなる．だから時間の順序を乱すようなもの
はこの宇宙には存在しないのだ ── というのがスティーヴン・
ホーキングの主張だ．

　....「この図から直感的に，ヌル・ラインをはさんでタキオン
時空とタージオン時空が対称に存在していると予想されます．
つまり，ボゾンとフェルミオンの間に超対称性があるように，
タキオンとタージオンにも超対称性があるんじゃないかと．
それで私，それを統一してみたんです．」....

「ちょっと待った」彼は方程式のひとつを指した．「このベルグ

---

[16] [Ym] の巻末の参考資料の中に [T-2] がある．

マン核の変動 …. なぜこんな風に擬正特異エルミート計量と
して拡張できるんだ？」

「高次元の場合のベルグマン核の変動は，ベルンソンが定理で
証明しています」

　ちなみに日本の数学者たちは Berndtsson をベルントソン
と読んでいます．雑用係の務めとして，筆者は［Ym］を二冊
購入し，要所の英訳と共に一冊を Berndtsson に送りました．
Berndtsson が喜んだことは言うまでもありません．

　さて，［Bnd］と［T-2］の出現はまことに心強かったわけで
すが，B 05 の主要なトピックは勿論これだけではなく，Calabi-
Yau 多様体のモジュライ空間の研究や Fefferman プログラム
に関連するものがいくつかあり，その他には Morse 理論との
関連で注目されるようになったニュータイプの漸近挙動の話
がありました．実は葉山シンポジウムも合わせると，最後の
ものに関連した講演が一番多かったのです．葉山シンポジウ
ムの講演予稿を見ると，G. Marinescu 氏は端的に

　　直線束の高次のテンソル冪の Bergman 核の漸近挙動は
　　最近大いに注目を浴びている．（The asymptotic of the
　　Bergman kernel on high tensor powers of a line bundle has
　　attracted a lot of attention recently.）

と書き始めています．講演内容は Xiaonan Ma 氏との共同研
究［M-M-1］の報告で，完備な n 次元 Hermite 多様体 M
上の直線束 B と B のファイバー計量に対し，B^p の L^2 正則
切断の空間 $H^{0,0}(M, B^p) \cap L^2$ の Bergman 核 $P_p(x, y)$ につい
て，一定の曲率条件のもとに $p^{-n} P_p(x, x)$ を p^{-k-1} のオーダー

で近似する p^{-1} の多項式 $\sum_{r=0}^{k} b_r(x) p^{-r}$ について b_0 と b_1 を曲率を用いて書き下しています．これは一例であり，このような漸近解析についての総合報告的な研究書として［M-M-2］*17 があります．

これに関連した多くの話が B 05 と葉山シンポジウムで発表されたのですが，2016 年の S.-T.Yau の論文［Y］によれば，この種の研究を立ち上げる原動力になったのは［S-Y］の方法，つまり多様体上の L^2 評価式の方法でした．その最初の成功例は G.Tian の［Tn-2］*18 で，そこで示された次の定理は「Fano 多様体*19 上では安定性と Kähler-Einstein 計量の存在は同等である」という Yau の構想を実現するための第一歩*20 となりました．

---

*17 この本で，Ma と Marinescu は 2006 年に出版賞である Ferran Sunyer i Balagner Prize を受賞している．

*18 これは Tian の学位論文［Tn-1］に基づいている．

*19 コンパクトな複素多様体で標準束の双対が正であるものを Fano 多様体という．

*20 Yau の構想は，自身による Calabi 予想の解決と［S-Y］の延長上で，Koebe の一意化定理の高次元化を微分幾何の視点から完成させようというものであった．1980 年には安定性は明確に定式化されていなかったが，後に「Yau-Donaldson-Tian 予想」の中で「K 安定性」として明確化された．この予想は Chen-Donaldson-Sun［C-D-S-1,2,3］と Tian［Tn-3］により解決された．（［C-D-S-1,2,3］と［Tn-3］は 2012 年の終わりごろに書かれたもので，2013 年に出版された［Kn］にそのことが言及されている．）

定理 2　正直線束 (B, h) を持つコンパクトな複素多様体 M に対し，ファイバー計量 h の曲率形式が定める M 上の計量を Θ とし，B^m（m は十分大）の正則切断の空間の (Θ, h^m) に関する正規直交基底の連比で射影空間の Fubini-Study 計量を引き戻した計量を Θ_m とすれば，$\dfrac{1}{m}\Theta_m$ は C^2 位相で Θ に収束する．

　[Y] ではこの証明の方針にもふれてありますが，それは多重劣調和関数を負荷付き Bergman 核の対数で近似した Demailly の議論（cf. 第 8 話）と同じです．といっても両方とも元をたどれば小平の埋め込み定理の証明から来ているわけで，Yau はこれが Tian の学位論文になったことに言及した後，次のようにコメントしています．

　この方法は小平の仕事を解析的な設定で理解し直したものと言えよう．Tian の仕事は私の期待通りの完成度であったが，後に Catlin [Ct]，Zelditch [Z] および Lu [L] によって強化された．

　ちなみに，Zelditch 氏は B 05 に出席の意向をもらっていましたが事情があって欠席となりました．Lu 氏には京都と葉山の両方で講演をしてもらえました．実を申せば Donaldson と Fefferman にも招待メールを出したのですが，二人とも丁寧に断ってきました．Yau については来られると他の人たちの世話ができなくなりそうなので最初から遠慮してしまいました．しかしながら，小平邦彦生誕 100 年を記念する講演である [Y] から拝借したこの一節は，Bergman 核の 100 周年に向

けた連載を結ぶための現状報告としても，まことに適切なも
のであろうと思います．

参考文献

[A] 赤堀隆夫（研究代表者） **CR geometry と孤立特異点** 数理解析研究
所講究録 **1037** 1998．

[Bnd] Berndtsson, B., *Subharmonicity properties of the Bergman
kernel and some other functions associated to pseudoconvex domains*,
arXiv:math/0505469 [math.CV]

[C-1] Cartan, H., *Séminaire E.N.S.*, 1951-1952, École Normale
Supérieur, Paris.

[C-2] ──, *Variétés analytiques complexes et cohomologie*, Coll. sur les fonct.
de plus. var., Bruxelles, 1953, pp. 41-55.

[C-3] ──, *Séminare E.N.S.* 1953-54, École Normale Supérieur, Paris.

[Ct] Catlin, D., *The Bergman kernel and a theorem of Tian*, Analysis and
geometry in several complex variables (Katata, 1997), 1-23, Trends
in Math., Birkhäuser Boston, Boston, MA, 1999.

[C-D-S-1] Chen, X., Donaldson, S. and Sun, S., *Kähler-Einstein metrics
on Fano manifolds. I: Approximation of metrics with cone singularities*, J.
Amer. Math. Soc. **28** (2015), no. 1, 183-197.

[C-D-S-2] ──, *Kähler-Einstein metrics on Fano manifolds. II: Limits
with cone angle less than 2π*, J. Amer. Math. Soc. **28** (2015), no. 1,
199-234.

[C-D-S-3] ──, *Kähler-Einstein metrics on Fano manifolds. III: Limits
as cone angle approaches 2π and completion of the main proof*, J. Amer.
Math. Soc. **28** (2015), no. 1, 235-278.

[Dm] Demailly, J.-P. *Transcendental proof of a generalized Kawamata-
Viehweg vanishing theorem*, Geometrical and algebraical aspects in several
complex variables (Cetraro, 1989), 81-94, Sem. Conf., 8, EditEl,
Rende, 1991.

[D] Dethloff, G.-E., *A new proof of a theorem of Grauert and Remmert by*

L^2-methods, Math. Ann. **286** (1990), no. 1-3, 129-142.

[F] Fefferman, C., *The Bergman kernel in quantum mechanics*, Analysis and geometry in several complex variables, Proceedinngs of the 40th Taniguchi Symposium, edited by G. Komatsu and M. Kuranishi, Trends in Mathematics, Birkhäuser Boston・Basel・Berlin 1999 pp. 39-58.

[Hm] Hörmander, L., L^2 *estimates and existence theorems for the* $\bar{\partial}$ *operator*, Acta Math. **113** (1965), 89-152.

[K-1] Kawai, R., *On the construction of a holomorphic function in the neighbourhood of a critical point of a ramified domain*, 1960 Contributions to function theory (Internat. Colloq. Function Theory, Bombay, 1960) pp. 115-132 Tata Institute of Fundamental Research, Bombay.

[K-2] 河合良一郎 **セミナーの条件** (数学シンポジウム) 大学への数学 1986年10月号 東京出版 pp. 60-61.

[K-3] ——, **ジーゲル先生と岡先生** 数学セミナー 1996年3月号 日本評論社 pp. 26-27.

[Km] 小松玄 (研究代表者) **多変数函数論にあらわれる解析と幾何** 数理解析研究所講究録 **1058** 1998.

[Kn] 今野宏 **微分幾何学** (大学数学の世界1) 東京大学出版会 2013.

[L] Lu, Z.-Q., *On the lower order terms of the asymptotic expansion of Tian-Yau-Zelditch*, Amer. J. Math. **122** (2000), 235-273.

[M-M-1] Ma, X. and Marinescu, G., *Generalized Bergman kernels on symplectic manifolds*, C. R. Math. Acad. Sci. Paris **339** (2004), no. 7, 493-498.

[M-M-2] ——, *Holomorphic Morse inequalities and Bergman kernels*, Progress in Mathematics, **254**. Birkhäuser Verlag, Basel, 2007. xiv+422 pp.

[M-Y] Maitani, F. and Yamaguchi, H., *Variation of Bergman metrics on Riemann surfaces*, Math. Ann. **330** (2004), no. 3, 477-489.

[Nd-1] Nadel, A. M., *Multiplier ideal sheaves and Kähler-Einstein metrics of positive scalar curvature,*. Ann. of Math. (2) **132** (1990), no. 3, 549-596.

[Nd-2] ——, *Multiplier ideal sheaves and Futaki's invariant*, Geometric theory of singular phenomena in partial differential equations (Cortona,

1995）, 7-16, Sympos. Math., XXXVIII, Cambridge Univ. Press, Cambridge, 1998.

[N-1] Nishino. T., *Sur les espaces analytiques holomorphiquement complets*, J. Math. Kyoto Univ. 1 (1961/62), 247-254.

[N-2] ——, *Nouvelles recherches sur les fonctions entières de plusieurs variables complexes. II. Fonctions entières qui se réduisent à celles d'une variable*, J. Math. Kyoto Univ. 9 (1969), 221-274.

[N-3] 西野利雄 **多変数函数論** 東京大学出版会 1996.

[Oh-1] Ohsawa, T., *Finiteness theorems on weakly 1-complete manifolds*, Publ. Res. Inst. Math. Sci. 15 (1979), 853-870.

[Oh-2] 大沢健夫（研究代表者） *Analytic Geometry of the Bergman Kernel and Related Topics*, **（ベルグマン核の解析幾何とその周辺）** 数理解析研究所講究録 **1487** 2006.

[St-1] 斎藤三郎（研究代表者） **再生核の理論とその応用** 数理解析研究所講究録 **1067** 1998.

[St-2] ——, **再生核の理論の応用** 1352 2004.

[Sk] 酒井榮一 **研究と回顧 － 数学・医学が求める芸術性** 富山県農村医学研究会 第25回総会 特別講演 1994.

[S-Y] Siu, Y.-T. and Yau, S.-T., *Complete Kähler manifolds with nonpositive curvature of faster than quadratic decay*, Ann. of Math. (2) **105** (1977), no. 2, 225-264.

[S] Siu, Y.-T., *Extension of twisted pluricanonical sections with plurisubharmonic weight and invariance of semipositively twisted plurigenera for manifolds not necessarily of general type*, Complex geometry (Göttingen, 2000), 223-277, Springer, Berlin, 2002.

[Su-1] 吹田信之（研究代表者）**函数論における極値問題** 数理解析研究所講究録 **323** 1978.

[Su-2] ——, **複素領域上の線形解析** 数理解析研究所講究録 **366** 1979.

[Tn-1] Tian, G., *Kähler metrics on algebraic manifolds*, Thesis (Ph.D.) – Harvard University. 1988. 61 pp,

[Tn-2] ——, *On a set of polarized Kähler metrics on algebraic manifolds*, J. Differential Geom. **32** (1990), no. 1, 99-130.

［Tn-3］—, *K-stability and Kähler-Einstein metrics*, Comm. Pure Appl. Math. **68** (2015), no. 7, 1085-1156.

［T-1］ Tsuji, H., *Variation of Bergman kernels of adjoint line bundles*, arXiv:math/0511342 ［math.CV］

［T-2］辻元 **複素多様体論講義** サイエンス社 2004.

［Yg］ Yamaguchi, H., *Parabolicité d'une fonction entière*, J. Math. Kyoto Univ. **16** (1976), no. 1, 71-92.

［Ym］山本弘 **プロジェクトぴあの** PHP 研究所 2014.

［Y］ Yau, S.-T., *From Riemann and Kodaira to modern developments on complex manifolds*, Japan. J. Math. **11** (2016), 265-303.

［Z］ Zelditch, S., *Szegő kernels and a theorem of Tian*, Internat. Math. Res. Notices (1998), no. 6, 317-331.

あとがき

　コロナの一日当たりの感染者数が全国で 233094 人と過去最多を更新した 7 月 28 日，2022 年度の多変数複素解析葉山シンポジウムが最終日を迎えました．23 日から 26 日までは研修所での合宿で，27 日と 28 日は東京大学の教室で，オンラインの講演を交えながらではありましたが，パンデミック以前と変わらぬ規模の研究集会が成功裏に開催されました．もちろんこの後報告集の出版が終わって一段落ということになりますが，感染者が出なかったことについては主催者側の一人として胸をなでおろす思いでした．出席者の一人の足立正訓氏は静岡大学に所属していますが，今回は出張中のケルンからの一時帰国を兼ねた参加でした．5 月には対面形式の研究集会が方々で復活していて，ヨーロッパでは 6 月にはトレントでの伝統ある集会を皮切りに，複素 Monge-Ampère 方程式（クラクフ），複素解析幾何（エッセン），複素解析・幾何および力学系（スロベニア）などが開かれました．足立氏はその二つに出席し，今回は 27 日に東大で講演をしました．日本でもこの時期に国際研究集会が開催できたのは，そのために科学研究費を取得してくれた平地健吾教授（東京大）と，協力者の神本丈教授（九州大）および高山茂晴教授（東京大）の尽力の賜物でした．

　葉山では夏には珍しく夕映えの富士がくっきりと見えた日があり，参加者の一人の Błocki 教授（クラクフ大）は「頂上には上ったが遠くから見たのは初めてだ．」と言っていました．Błocki 教授は来年の 3 月まで，ポーランドの科学研究費の配

分を決定する組織の最高責任者で，関連した用事で 3 回来日し，その都度大きな会場で総理時代の安倍晋三氏[*1] の挨拶を受けたと言っていました．

葉山からの富士は，北側の裾野に夕日が沈みます．北斎の赤富士とは違う趣の黒富士でした．その景色は筆者にとっては Bergman からの挨拶のようでもあり，3 月に急逝した Demailly からの挨拶のようにも感じられました．

ちなみに，2011 年の葉山シンポジウムは 15900 名の犠牲者を出した東日本大震災のため中止となり，代わりに京都大学で開催された国際研究集会で Demailly は Berndtsson らとともに講演をしてくれました．筆者はそのあと講演者たちを連れて奈良を案内し，一緒に岡潔先生の墓参りをしました．今回は，COVID やロシア・ウクライナ戦争の難局を世界がどうにか切り抜けることを願うと同時に，Bergman 核に関連する諸問題の解決が今後も数学の進展に寄与することを願ってやみません．

2022 年 7 月

大沢健夫

追記．葉山の研究集会では，一度例の代表座標系と似た式が出てきました．Schrödinger 方程式に関わる量子化の話で，「実正則ベクトル場」というものの存在条件でした．立ち上がってコメントする人が今回はいなかったので，講演者には筆者がそれを伝えました．すると最近のメールで「代表座標系には実正則ベクトル場が存在しているようだ」という興味深い返事をもらいました．うまく行けば，これが研究集会の報告集の一つの beauty spot になるかもしれません．

[*1] 1954-2022（7/08）

索 引

【人名】

●アルファベット

▶ A

著者紹介：

大沢健夫（おおさわ・たけお）

1978 年　京都大学理学研究科博士課程前期修了

1981 年　理学博士

1978 年より 1991 年まで　京都大学数理解析研究所助手，講師，助教授をへて 1991 年より 1996 年まで名古屋大学理学部教授

1996 年から名古屋大学多元数理科学研究科教授

2017 年退職，名古屋大学名誉教授

2022 年　静岡大学理学部特任教授

専門分野は多変数複素解析

著　書：『多変数複素解析 (増補版)』(岩波書店)
　　　　『複素解析幾何と $\bar{\partial}$ 方程式』(培風館)
　　　　『寄り道の多い数学』(岩波書店)
　　　　『大数学者の数学・岡潔　多変数関数論の建設』(現代数学社)
　　　　『現代複素解析への道標　レジェンドたちの射程』(現代数学社)

関数論外伝 ——Bergman 核の 100 年——

2022 年 10 月 21 日　　　初版第 1 刷発行

著　者　　大沢健夫

発行者　　富田　淳

発行所　　株式会社　現代数学社
　　　　　〒606–8425 京都市左京区鹿ヶ谷西寺ノ前町 1
　　　　　TEL 075 (751) 0727　FAX 075 (744) 0906
　　　　　https://www.gensu.co.jp/

装　幀　　中西真一（株式会社 CANVAS）

印刷・製本　　有限会社 ニシダ印刷製本

ISBN 978-4-7687-0592-6　　　　　　2022 Printed in Japan